图 2.1 花岗石矿山开采场

图 2.2 大理石矿山开采场

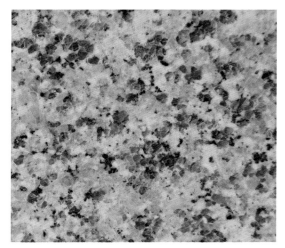

（a）山东樱花红

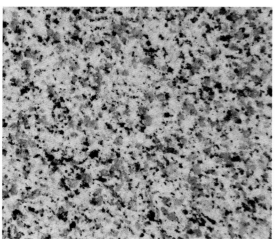

（b）福建 640

图 2.3 花岗石类花岗石

集宁黑

（a）莎安娜米黄

（b）云南波斯灰

图 2.4 玄武岩类花岗石　　　　　　　图 2.5 方解石大理石

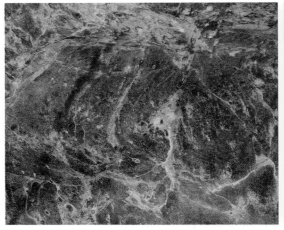

图 2.6　蛇纹石大理石
（大花绿）

图 2.7　石灰华类石灰石
（伊朗洞石）

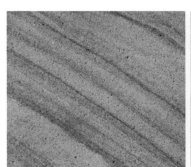

（a）黄砂岩

（b）青砂岩

（c）红砂岩

图 2.8　砂岩

图 2.9　板石

（a）别墅　　　　　　（b）园林　　　　　　（c）公寓　　　　　　（d）庭院

图 2.10　文化变形石的装饰效果

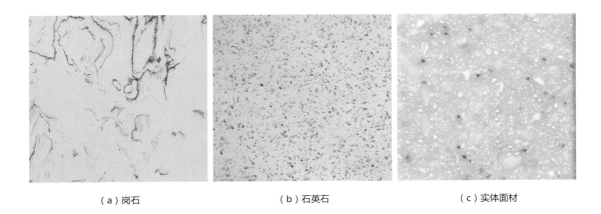

（a）岗石　　　　　　　　　（b）石英石　　　　　　　　　（c）实体面材

图 2.11　人造石的典型图片

图 2.12　微晶石

图 3.1　荒料

图 3.2　毛光板（大板）

图 3.3　石材规格板

图 3.4　异型石材产品

图 3.5　石材墙地砖产品

图 3.6　石材马赛克产品

图 3.7 石材复合板产品

图 3.8 台面板的典型产品

图 3.9 欧式墓碑石产品

图 3.10　典型壁炉产品

图 3.11　石雕石刻产品

图 3.12　广场石产品

礁石系列

城堡石系列

散石系列

卵石系列

风化石系列

火山石系列

图 3.15　文化石的特色产品系列

中国石材协会推荐读物

装饰石材应用指南

周俊兴　编著

中国建材工业出版社

图书在版编目（CIP）数据

装饰石材应用指南 / 周俊兴编著. —北京：中国
建材工业出版社，2015.2
ISBN 978-7-5160-0938-3

Ⅰ. ①装… Ⅱ. ①周… Ⅲ. ①石料－建筑材料－装饰
材料－指南 Ⅳ. ①TU56－62

中国版本图书馆 CIP 数据核字（2014）第 184744 号

内 容 简 介

　　本书主要介绍了石材行业现状、石材商业分类与鉴别、石材产品类型与技术要求、石材的选择与设计、石材加工工艺、石材施工与安装、石材应用护理、石材工程验收、石材保养与维护等方面的知识，是行业内技术和经验的积累，也充分借鉴了国外先进的技术内容。

　　本书定位在为行业从业人员和设计部门、施工企业提供一本"拿来可用、实用"的工具书；为工程用户和普通消费者提供了解石材、选择石材、使用石材、保养石材等方面知识；推荐优秀的石材产品和生产加工工艺；推荐优质的石材护理产品和施工工艺。

装饰石材应用指南
周俊兴　编著
责任编辑：胡京平

出版发行：中国建材工业出版社
地　　址：北京市海淀区三里河路 1 号
邮　　编：100044
经　　销：全国各地新华书店
印　　刷：北京中科印刷有限公司
开　　本：787mm×1092mm　1/16
印　　张：11.75　　彩色：1 印张
字　　数：368 千字
版　　次：2015 年 2 月第 1 版
印　　次：2015 年 2 月第 1 次
定　　价：**198.00 元**

本社网址：www. jccbs. com. cn　　微信公众号：zgjcgycbs
广告经营许可证号：京海工商广字第 8293 号
本书如出现印装质量问题，由我社市场营销部负责调换。联系电话：(010) 88386906

 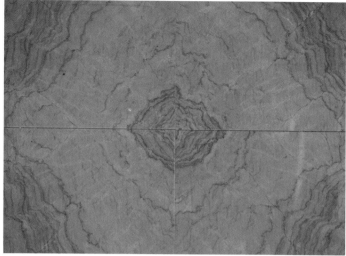

（a）两块效果图　　　　　　　　　　　　　（b）四块对抛效果

图 5.1　石材大板相对面抛光效果

（a）砂锯

（b）大理石排锯

图 5.3　石材荒料切割设备

（c）金刚石圆盘锯

（d）金刚石串珠绳锯

图 5.3 石材荒料切割设备（续）

图 5.4 石材连续磨抛机

序

石材是一种传统的建筑材料。在几千年的人类历史中，石材主要是作为建筑结构材料，在古希腊、古罗马、古埃及以及古老中国的建筑上到处可见，记录了人类文明的历史。20世纪，由于人造金刚石的发明使石材可能成为建筑装饰装修材料，使饰面石材迅速渗透到现代建筑的各个方面，成为现代建筑的重要标志之一。石材业开始从传统石材业走向现代石材业。中国的装饰石材业起步于20世纪90年代，至今不过20多年的历史，但已经形成了较完整的产业体系。

饰面石材的生命在于应用，饰面石材的应用又是一门艺术。但是，在我国由于一些设计者、施工者、消费者缺乏对石材的了解，饰面石材的应用也存在不少问题，以致在一些标志性的建筑中出现了瑕疵。当前，饰面石材正在从公共工程装修走向家庭装修，饰面石材应用知识的普及尤为重要。

《装饰石材应用指南》正是在这种背景下出版的。本书的作者周俊兴是我国现代石材业发展的亲历者之一，是全国石材标准化技术委员会副秘书长、国家石材质量监督检验中心副主任。作为一本工具书，作者向读者介绍了饰面石材的基础知识以及石材的选择、使用、护理知识，可以相信《装饰石材应用指南》的出版将推动饰面石材的科学使用，对建设资源节约型社会发挥应有的作用。

中国石材协会会长

2015 年 2 月

总编辑寄语

居以石为美

——为《装饰石材应用指南》的面市而作

石材专家周俊兴先生的专著《装饰石材应用指南》的面市，不仅对于石材加工企业进一步做好业务会提供帮助，而且对于施工企业、装饰企业了解学习装饰石材知识也会有所裨益。作为普通的消费者，如果能够阅读一番这本专著，哪怕是粗粗翻翻，想必对于做好自家的装饰装修也会起到很好的指引作用。

每一个细小的领域都有很深的学问。真是想要把一个家装饰得很到位，不同的功能区该采用什么材料就采用什么材料，并且根据自己的品味和消费能力该采用什么品质、价位的材料就采用什么品质、价位的材料，这样的装饰在设计、施工到位的条件下，一定会让主人心存欢喜，甚至引以为荣。

石材就是一种可以表达品味，甚至可以表达审美水准的装饰材料。那些富丽堂皇的高端酒楼、酒店的大堂、重要的公共空间和部位，采用的装饰材料常常就是各种高端装饰石材。石材来自天然，一些品种的石材自身就展现了优美、自然的天性，有的看上去就像是一幅天成的画作。这些石材经过加工和一定的处理，其优美自然的品质得以更加凸显，并且更加受到了设计师和居住者的喜爱。

居以石为美。石材是一种经过大自然千百年来沁润过的赋予美的元素的材料，再经过加工企业那些能工巧匠之手而变得更加耐看和惹人喜爱。在自家恰当的地方采用恰当的装饰石材，不仅可以更好地对于不同的功能区进行表达，更可以体现主人的审美情趣，表达主人的内心世界，主人甚至于还可以在闲暇时细细地不断品味这些大自然赐予人类的美好材料，与石材进行近距离对话。

居以石为美，当然居者也要为打理这些好东西而付出辛勤劳动。在《装饰石材应用指南》这本专著里，周先生也为读者解读了有关石材的保养与维护的问题。当然，这些解答主要是针对专业公司而言，但是对于一般消费者也不无帮助。

愿我们的石材开采企业、加工企业、施工企业、装饰企业以及设计师、消费者等，能够从对于这本专著的阅读中各自吸取到所需的知识和力量。

中国建材工业出版社总编辑　佟令玫

2015 年 2 月

前　言

　　石材应用是一门艺术，选材和设计是石材应用的前提，加工和安装是石材应用的关键，维护和保养是石材应用的延续，每个环节都非常重要。目前，市面上石材方面的书籍很多，各种图集、大全、广告资料等，然而却没能更好地解决设计师、施工人员、用户和普通消费者对石材选材和应用的实际问题。高档装饰材料与低档营销模式之间的不协调导致石材和设计、施工及普通用户之间存在距离，行业内缺乏一本面向建筑装饰设计部门、施工单位和普通用户的工具书，能够系统地把石材与建筑装饰设计和应用结合起来，简洁明快、深入浅出、一目了然、专业实用。

　　本书主要介绍了石材行业现状、石材商业分类与鉴别、石材产品类型与技术要求、石材的选择与设计、石材加工工艺、石材施工与安装、石材应用护理、石材工程验收、石材保养与维护等方面的知识，是行业内技术和经验的积累，也充分借鉴了国外先进的技术内容。

　　本书定位在为行业从业人员和设计部门、施工企业提供一本"拿来可用、实用"的工具书；为工程用户和普通消费者提供了解石材、选择石材、使用石材、保养石材等方面知识；推荐优秀的石材产品和生产加工工艺；推荐优质的石材护理产品和施工工艺。

　　由于首次编写这样的综合应用图书，缺乏足够的参考资料和全面的应用经验，加上时间仓促，书中难免会有疏漏或错误，恳请读者批评指正，同时在此对参考文献的作者表示衷心的感谢！

2015 年 2 月于北京

作者简介

周俊兴，男，1970年生人，教授级高级工程师。1992年毕业于武汉工业大学机械系检测技术及仪器专业，先后任国家石材质量监督检验中心常务副主任/技术负责人，国家建筑材料工业石材装饰装修质量监督检验中心常务副主任/技术负责人，全国石材标准化技术委员会（SAC/TC 460）副秘书长委员等。

兼职全国材料科学技术名词审定委员会委员、中国建筑装饰协会材料委员会专家、中国石材协会应用护理专业委员会专家、中国建筑标准设计研究院石材专家、全国工商联石材业商会专家组成员、厦门检验检疫科学技术研究院高级科技顾问、厦门出入境检验检疫局检验检疫技术中心高级科技顾问、福建石材行业协会应用技术委员会副主任委员等。

先后完成过 GB/T 13890—2008《天然石材术语》、GB/T 17670—2008《天然石材统一编号》、GB/T 18601—2009《天然花岗石建筑板材》、GB 24264—2009《饰面石材用胶粘剂》等11项国家标准的制修订工作，完成了 JC 830—2005《干挂饰面石材及其金属挂件》、JCG/T 60001—2007《天然石材装饰工程技术规程》、JC/T 204《天然花岗石荒料》和 JC/T 202《天然大理石荒料》等16项行业标准的制修订工作，正在承担着42项国家和行业石材标准的制修订工作。

先后完成了国家质检总局下达的《天然石材品种鉴定标准的技术研究》、

《建筑装饰石材产品有毒有害物质限量标准研究》等质检公益科研项目，完成了北京市科委项目《北京材料分析测试服务平台与科技资源创新试点建设——天然石材商业品种鉴定方法研究及检验培训教材编制》课题研究，以及北京材料分析测试服务平台提升项目——石材标准体系建立课题。

先后承担完成过11次天然石材国家监督抽查工作，完成了最高人民法院工程、东莞行政事业中心工程、人民教育出版社工程、中央音乐学院工程、北京太阳中心工程、北京电信工程和中国电信工程等20多项建筑工程的石材质量监造任务，参与了北京地铁4号线、5号线、10号线、北京安福大厦工程、国家体育中心、国家会议中心、首都机场新航站楼等重点工程的石材技术研究、材料选择和检验工作。

先后发表了《石材防护剂使用中的一些技术问题》、《天然饰面石材分类及其性能技术指标》、《中国石材行业质量与标准发展状况》、《洞石使用中应注意的问题》、《用科学的观点正确对待石材的放射性问题》、《石材知识100问》等十几篇文章。参与了中国建筑标准设计研究院组织编写的《建筑产品选用技术》，完成了建筑、装修分册石材方面内容的编写工作。参与了中国工商联石材业商会组织的石材中等专业教材编写工作，参加了2010年版《材料科学技术名词》编写工作，先后编著出版了《建筑材料标准汇编 石材》（第一、第二版）、《天然石材国家标准实施指南》、《石材装饰工程检测与验收》等书籍。

先后荣获国建筑材料联合会授予的"标准化先进工作者"光荣称号；2006年和2011年两次获中国建筑装饰协会"突出贡献专家"奖等。

目　　录

1 石材发展概述

1.1 石材行业发展状况

随着我国国民经济的快速发展和人民生活水平的不断提高，人们对生活质量和家居环境要求越来越高。天然石材因其独具的美观、高雅和耐久，一直受到建筑界的青睐。人们崇尚自然，构建和谐社会，天然石材可以实现回归自然、返璞归真的人文环境，因此，天然石材产品越来越成为建筑工程和家庭装修的首选。天然石材不仅经久耐用，而且取材方便，在天然石材的生产中，仅在矿山开采和石材加工中需要消耗少量电能，产生的废料又可成为人造石材、砌块、混凝土等的原材料，符合我国节能、节材和可持续性发展战略。天然石材目前主要应用在建筑地基和外围幕墙、室内墙地柱面和楼梯装饰、广场和路面、步道、路缘、桥梁等领域。近年来，随着城市建设的加快以及居民生活质量的提高，建筑装修越来越多地采用无公害的天然石材，如高铁、地铁的车站和机场等大型公共建筑。因此，国内石材的需求非常强劲，这极大地推动了我国石材行业的快速发展。

建筑装饰石材应用在国外已经有 100 多年的历史，我国石材的应用历史悠久，但现代化开采加工仅有 50 多年的历史，高速发展是在近 20 年期间。虽然我国石材现代化开采加工起步较晚，但在引进国外先进的开采加工技术和设备后，依靠丰富的资源和低廉的开采加工成本优势，迅速占领了国际市场，使得世界石材加工重心逐渐移向中国。特别是改革开放后，在市场经济条件下，原国有、集体石材企业进行了大的转制，股份制企业、合资企业、私营企业纷纷上马，涌现出了一批诸如冠鲁、康利、环球、溪石、高时、东成、凤山等大型龙头石材企业，同时也形成一批诸如福建水头、山东莱州、广东云浮、北京西直河等石材加工、生产、销售集散地，每个市场都聚集了上千家大大小小的石材企业。应用市场多集中在经济发达地区，如北京、上海、广州、杭州等，都建有不同规模的建材市场。

我国石材行业在消化吸收国外先进技术的基础上，通过不断创新，逐渐形成了完善的石材产业体系。从矿山开采开始到生产加工，经销售和进出口贸易，到达石材工程现场，又经设计、施工、安装、验收和维护保养等环节，使石材最终以建筑和装饰艺术形式提供给消费者。同时出现了石材加工专用机械产业，合金钢砂、锯片和磨料磨具等辅助材料产业，人造石、马赛克、石材护理剂、石材干挂件、石材用胶粘剂等附属产业。石材从原建材领域内的一个小产业，逐步发展为一个新行业，成为继水泥、玻璃、陶瓷后的又一大产业，年产值超过了陶瓷行业成为建材领域内的第三大产业，出口创汇大户。

经过 20 多年的快速发展，我国已发展成为世界石材工业大国，是世界石材的加工基地、出口基地，石材年产量、消费量和进出口量均占世界第一位。2013 年中国石材板材产量达到 66355 万 m²，比上年增长 17.1%，石材进出口总值达 95.1 亿美元，其中出口达到 65.3 亿美元，进口达到 29.9 亿美元，成为我国建材行业第四大产业，年产值为 3477 亿元。国内天然石材板材消费量接近 5 亿 m²，并且每年以 20% 以上的速度增长。石材开采加工技术不断创新，出现了矿山绳锯和圆盘锯、数控加工中心、水刀、超薄石材加工设备等，技术水平达到甚至超过国际先进水平，使得石材加工精度和技术含量进一步提高。石材产品从最初的花岗石和大理石地面、墙面规格板材发展成了如今各种规格的工程板、圆弧板，各种形状的球体、柱体、线条；出现了厚板、薄板、超薄石材复合板、墓碑石、文化石、石材马赛克、蘑菇石、广场路面石、石雕石刻以及各种人造石等；表面加工出现了火烧面、荔枝面、仿古面、喷砂面、水蚀面等。石材种类也划分为花岗石、大理石、板石、石灰石、砂岩、亚宝石等几大类一系列产品，石材品种数量达到 1500 余种，市场上常用的进口石材数量达 200 余种。同时新品种、新产品、新工艺也在不断开发利用并推广。

在石材应用方面，我国吸收了国外先进的干挂技术和干粘技术，并不断改进干挂件，出现了背栓式、背挂式、SE 型等新型挂件；幕墙结构也正在向生态型、舒适型和智能型方向发展，石材幕墙高度已达 230m，最大风载荷已达 12kPa；粘结材料逐渐使用先进的干态水泥胶粘剂、树脂粘结剂等，湿挂湿粘工艺逐步取消传统的水泥砂浆材料。石材防护技术从 20 世纪 90 年代引入我国，经过十多年的快速发展，石材应用护理水平有了很大的提高，石材防护、保养、清洗、晶硬以及石材病症治理等方面出现了许多新产品和新工艺，也积累了丰富的经验，形成了一个专门的石材服务产业。

石材行业的巨大发展，也细化了生产组织结构，实现了社会化大生产。衍生出了石材荒料、毛板、毛光板、工程板、墙地砖、异型石材、石雕石刻、马赛克、复合板、人造石等产品，出现了矿山开采、生产加工、机械设备、辅助化工产品、设计施工和安装、护理等一系列领域。现代化仓储式生产和销售的需求，给石材行业又带来一次革命，不仅解决了大板仓储占地大的问题，同时提高了生产效率和板材出材率，降低了成本，节约了资源，成为了下一步行业推广和发展的趋势。

1.2　石材行业产品质量状况

1. 行业总体质量情况

北京奥运工程、机场扩建工程、地铁以及上海世博会工程等国家重点项目中，石材作为主要的装饰装修材料，其产品质量有较好的表现，主要为大中型石材企业供货，得到了工程方面的肯定，为国家建设做出了贡献。然而石材行业在整体质量有了大幅度提高的同时，市场上存在的质量问题也不容忽视。在一次大型工程石材招标检验中，有 40 余家企业送检了 60 余个石材产品，竟然有一半以上产品不合格。尤其是经过企业经销人员在市场上左挑右选出的石材产品，仍会出现尺寸正偏差以及厚度、平面度、角度超差等方面质量问题，达到优等品等级的寥寥无几。造成实际供货低于合同要求等级，给许多工程留下质量和安全隐患。这说明市场上的石材产品质量问题严重，大量的中小型石材企业不重视产品质量，从业人员不懂标准，不仅粗制滥造扰乱市场，同时给这些不可再生的资源造成极大的浪费。石材行业标准质量意识和产品质量还有待于进一步提高。

我国石材产品质量要求基本高于欧美等国家或地区，这主要是由于欧美等国家或地区的石材标准中对石材产品的加工精度未规定或要求较低，主要依靠设计师的设计要求来控制。例如，美国（ASTM）标准未规定尺寸偏差，欧洲（EN）标准中的要求为室外广场道路石材±20mm 和室内板材±2mm；而我国标准的优等品、一等品指标为 0～−1mm，主要来自于机加工设备的精度和优质装饰工程的要求。我国标准同时又吸收了欧美标准中对材质物理性能的高要求，因此我国石材产品标准是目前世界上最完整、要求最高的标准，仅区别于日本客户的正偏差要求。我国企业的石材产品若整体能达到国家标准中合格品以上要求时，质量在国际上也将是令人信服的。

我国石材产业的快速发展，得益于引进国外先进的加工设备，以低廉的成本很快占领了国际市场。到目前为止国内还没有专门从事与石材有关的创新研发机构，整个石材行业的研发资源非常分散，从矿山开采到石材应用的诸多技术、工艺和方法、装备、辅助材料、标准等仍处于模仿、引用国外技术的阶段，分布在少数企业、院校和有关的研究院（所）内，与国外先进水平存在较大的差距，尤其在矿山开采技术方面严重落后。因此，石材资源的出材率不到30%，我国石材的价格目前只有世界平均价格的1/4~1/6。

石材行业不属于高耗能产业，仅在矿山开采和加工中使用少量电能，是国家鼓励和发展的一个极具潜力的新兴产业。但是目前由于缺乏有效的管理和规范，在排污方面存在较大问题，粉尘、噪声和白色污染问题比较严重。尤其是在矿山方面，整体开采技术水平落后，缺乏有效的管理和标准依据，出材率低，致使大量资源被破坏，碎石被乱堆在山谷和路边，不仅破坏植被，占用土地，同时存在极大安全隐患。大部分中小型企业没有经过任何处理，随意将切割水排放，使带有石粉的水流入河流，形成白色污染。石材集中加工区域的噪声和粉尘等污染也是相当严重的。在放射性方面我国产石材目前还未发现超标的，进口石材中少数品种也得到了有效的控制。

2. 生产加工中的质量问题

2013年第二季度国家石材质量监督检验中心和国家石材产品质量监督检验中心（广东）联合对涉及北京、福建、山东、广东、广西、四川、河南和湖北共8个省、直辖市的51个生产企业的51种天然石材产品质量进行了国家监督抽查，其中39家企业的39种产品合格，企业抽查合格率和产品抽样合格率均为76.5%，产品实物质量合格率（销售额加权）为73.8%。不符合标准项目涉及长度偏差、宽度偏差、镜向光泽度、角度公差、吸水率、弯曲强度、耐磨性等项目。抽查结果显示，大型企业产品合格率均为80.0%，中型企业和小型企业产品合格率均为75.0%。抽查结果显示小型企业合格率非常低，暴露出了大部分小型企业产品存在严重的质量问题。正是这些粗制滥造的产品导致了石材行业整体"小、土、散、乱"的混乱局面，造成石材行业整体技术水平落后的现状。

抽查结果反映了近些年随着石材行业的发展，行业的质量意识并没有明显好转，由于市场竞争的价格原因，企业过多地关注于利润和市场，淡漠了产品质量管理，吝啬于产品质量方面的投入和检验。产品质量抽查暴露出的主要问题是板材产品的长度和宽度出现正偏差、角度超差，部分石材品种吸水率性能低于标准的技术指标要求。这些不合格的检测项目在使用中不仅会造成装饰装修效果的降低，影响伸缩缝，进而会影响到工程的安全，尤其是吸水率增大会使石材产生一些石材病症，如水斑、锈斑、白华等。还会增加工程承载的自重，随着时间的延长，会降低石材的耐气候性，从而减少石材寿命，日久天长会埋下安全隐患。

从抽查结果看，大部分大中型石材生产企业都能生产出符合国家推荐产品标准中"合格品"以上质量等级要求的产品，产品的信誉度也比较高。目前这些大中型生产板材的企业是我国大型、高档建筑物的装饰材料的主要供货商，也是生产出口板材的主要企业。抽查中较差的企业多为小型企业，其所生产的产品长度、宽度都低于标准的要求。

3. 流通领域的质量问题

我国石材行业目前主要应用在工程项目，多以工程设计进行加工，质量问题多出在不能满足设计要求。如在材质和加工质量方面出现降级等，有少数企业在品种方面以次充好，以假乱真，以国产冒充进口，甚至使用染色等方式，在价格方面进行欺诈。在毛光板等大板方面，企业为了提高出材率，降低成本，将毛光板的厚度降低，例如将20mm的板材加工成15～17mm；光泽度也不能达到规定要求。这些板材不论是使用粘结还是干挂方式施工，都会存在安全等质量问题，重负荷地面使用也达不到设计和使用寿命要求。市场规格板方面，主要是600mm×600mm×20mm的规格板，在长度、宽度、厚度、平面度、角度、光泽度方面均存在不同程度的质量问题，这样的产品难以装出优质的石材装修工程。

近些年，消费者普遍反映比较集中的问题是大理石的坚固性问题。有些石材质地酥松，企业在生产过程中进行了灌胶加固，由于缺乏对胶的质量监控和性能评价，石材在使用一段时间后出现表面脱落现象，造成外观质量受损严重，影响美观和使用。尤其是高档装修后，出现的此类问题，给消费者造成的是心理阴影，然而此类现象目前从产品标准方面还得不到有效解决和鉴别。另一类反映比较集中的问题是大理石地面翻新后出现的问题，一些质地坚硬的大理石，如莎安娜米黄、西班牙米黄，安装后现场进行了打磨，导致光泽度下降；一些不具备资质的护理企业或施工队对安装后的大理石和石灰石地面进行晶硬处理，由于各方面的原因导致地面出现碎裂、腐蚀、污染或掉渣等，有的在短期内表面就失去光泽，然后不断地反复进行翻新处理，给用户造成难以接受的印象，产生大理石伺候不起的错觉。人造石施工安装后出现的问题也是比较突出的，地面使用后许多都出现分层、开裂、变形、发黄等问题，多以水泥粘结剂和表面带水清洁引起的，有的则是因为使用在室外墙面等不适宜的地方发生的，有的则是石材生产工艺问题，因没有相关标准依据，此类问题一直得不到很好的解决。

近两年建筑装饰装修材料专项整治中，石材行业未见明显的成效。石材行业门槛低，从业人员整体技术水平差，素质低，石材行业整体"小、土、散、乱"的局面没有改观。

4. 石材安全方面的质量问题

石材是一种脆性装修材料，在给城市带来美感的同时，也潜存很大的安全隐患。特别是石材幕墙的安全问题尤为突出，被称为"空中杀手"和"悬在人民头上的一把刀"。2005年9月，中国建筑装饰协会受住房和城乡建设部委托对全国10个城市的石材幕墙进行调查，发现9.38%存在安全隐患，尤其令人堪忧的是最近10年投入运行的幕墙，其一般故障隐患和有安全隐患的比例都高于运行10年以上的幕墙。2005年，上海将幕墙列入"七大可能危害城市安全的新致灾源"之一。位于北京朝阳门的外交部大楼就先后有干挂石材掉下来，新保利大厦施工时因干挂板材坠落造成人员伤亡，西单中银大厦的干挂石材在使用了8年后出现了表面裂缝等。

我国于1984年开始出现幕墙装饰工程，经过30多年的发展，我国各类幕墙广泛地应用在建筑工程的外围护结构中，其中以石材幕墙居多，其次是玻璃幕墙、铝单板幕墙。天然石材是所有面材中脆性和质量最大及内在质量最难控制的材料，也是装饰风险最大的材料，质量问题层出不穷，因石材坠落而造成的人身事故时有发生。因此，石材安全是行业要高度重视的问题。

5. 行业主要质量问题分析

从这几年的总体质量上看，石材行业的质量呈现忽好忽坏的震荡趋势。尽管石材行业的加工机械越来越先进，但是由于市场的激烈竞争，竞相压价，造成石材价格偏低，企业的质量意识越来越淡薄，单纯地去追求经济利益。大部分企业没有完全按标准组织生产，许多从业人员没有掌握相关标准，尤其是管理和经销人员，有的根本不懂标准。造成实际供货低于合同要求等级，原因是以低价高等级竞标，生产时则以低等级来降低成本，甚至粗制滥造，给许多工程留下安全隐患，同时也经常引发争议和索赔现象，给各方都造成巨大经济损失。一些企业片面地相信有先进的设备就能出合格的产品，加工厂内没有专职的质检人员和符合标准的检测量具和检验设备。有些企业对工程订单只派一个懂业务的职员跟单，其他则完全由一线工人自己控制，许多是没有经过任何培训的普通员工，甚至不知石材标准为何物。到目前为止没有一家企业配备完全符合标准的量具，甚至是通过 ISO 9000 系列标准认证的企业。许多企业使用早已淘汰的对角线法量角度，测平度更是五花八门，石头条、木条、铝型材等，好一点的使用了木工角尺或自制的角尺，却大部分没有通过计量。许多石材企业只有在工程需要时才去做份检验报告，能混过去就可以不去检验，有的甚至复印假报告蒙混过关，往往在工程结款时造成被动，重则走上了仲裁和司法道路。有的材料强度低，厚度薄，本不适合工程幕墙使用，但在工程完成后验收或后期结款时才去做检验，但为时已晚，给许多工程留下安全隐患。

另一方面，我国建筑行业对石材产品的发展和进步缺乏全面了解，加上石材施工规范不健全，使得从工程业主到设计人员、工程监理以及建筑施工企业对石材产品不胜了解，对加工质量重视不足，为许多假冒伪劣产品大开绿灯，一定程度上制约了石材行业的发展。许多具有不同程度质量缺陷的石材产品被挂上墙，有的石材从设计开始就具有许多不确定因素，例如本身强度低、分散性大、耐酸碱性差的石材被设计使用在外墙，有的设计厚度达不到足够的安全要求，新型复合材料技术不过关等，再加上施工单位技术力量薄弱，部分施工人员的不负责任，更增添了许多隐患。

越来越多的各级和各部门产品检验机构都先后增设了石材产品的检验项目，并开展了检验工作。有的地区已经出现了私人投资兴办的质量检验机构，不少大型企业和国外机构都在酝酿成立检验机构。检验市场也出现了激烈的竞争和混乱局面，许多企业被各种上门检验搞晕了头，不知听信谁。一些检验机构不择手段以免费检测，然后电话通知不合格来交费等手段恐吓、诱骗企业交检测费，产品质量未得到有效监控，检验市场也急需整顿。

1.3 石材行业标准化发展状况

我国早期的石材标准化工作归口国家建材局人工晶体研究所，可查询到的最早石材标准有 JC 79—1984《天然大理石建筑板材》、JC 202—1976《天然大理石荒料》、JC 204—1985

《天然花岗石荒料》、JC 205—1985《天然花岗石建筑板材》。1987 年，经国家建材局的批准，在人工晶体研究所物化室的基础上建立了国家建材局石材质量监测中心，开始了我国石材标准的全面制定工作。1988 年，制定出台了我国首部石材试验方法国家标准，GB 9966.1～9966.6《天然饰面石材试验方法》，包括：干燥、水饱和、冻融循环后压缩强度试验方法，弯曲强度试验方法，体积密度、真密度、真气孔率、吸水率试验方法，耐磨性试验方法，镜面光泽度试验方法，耐酸性试验方法。1992 年，除了对原有的 4 项行业标准进行修订，出台了 1992 版新标准外，制定出台了石材行业术语国家标准 GB/T 13890—1992《天然饰面石材术语》，修订出台了 JC 340—1992《加工非金属硬脆材料用节块式金刚石圆锯片》和 JC 470—1992《加工非金属硬脆材料用节块式金刚石框架锯条》，参与制定出台了 JC 507—1993《建筑水磨石制品》等标准。

1997—2000 年期间，先后制定出台了 GB/T 17670—1999《天然石材统一编号》、JC/T 847—1999《异型装饰石材》、JC/T 872—2000《建筑装饰用微晶玻璃》等标准。2001 年对 1992 版的标准进行了修订，新出台了 GB/T 18600—2001《天然板石》、GB/T 18601—2001《天然花岗石建筑板材》、GB/T 9966.5—2001《天然饰面石材试验方法 第 5 部分：肖氏硬度试验方法》、GB/T 9966.7—2001《天然饰面石材试验方法 第 7 部分：检测板材挂件组合单元挂装强度试验方法》、GB/T 9966.8—2001《天然饰面石材试验方法 第 8 部分：用均匀静态压差检测石材挂装系统结构强度试验方法》等标准。

2005 年，先后出台了 GB/T 19766—2005《天然大理石建筑板材》、JC 830.1～830.2—2005《干挂饰面石材及其金属挂件》、JC/T 972—2005《天然花岗石墓碑石》、JC/T 973—2005《建筑装饰用天然石材防护剂》。2007 年，出台了 JC/T 1049—2007《超薄天然石材型复合板》、JC/T 1050—2007《地面石材防滑性能等级划分及试验方法》、JC/T 60001—2007《天然石材装饰工程技术规程》等石材标准。

为满足我国石材行业不断发展壮大的需要，规范石材加工生产、选材及应用，促进石材标准和国际化的发展，2008 年经国家标准化管理委员会批准，筹建成立了全国石材标准化技术委员会（SAC/TC460），与国际石材标准化技术委员会（ISO/TC 196）相关联，并分别成立了下设的三个分技术委员会，即管理规范和应用技术及规范分技术委员会（SAC/TC460/SC1）、产品及辅助材料分技术委员会（SAC/TC460/SC2）、专用机械分技术委员会（SAC/TC460/SC3）。我国石材标准化工作组织机构的全面建立，标志着系统化、规范化地开展石材标准化工作的开始。

石材标准化技术委员会成立初期，通过多次的研讨和论证，根据我国石材标准现状，确立了全国石材标准化技术委员会成立后的近期标准化工作任务：补充完善我国石材工业发展所急需的标准，初步建立我国石材较完善的标准化体系；中长期标准化工作任务：在消化吸收国外先进标准的基础上，补充完善石材标准化体系，以促进行业技术进步、加强管理、节能节材、环保、循环经济、废物利用、工程安全等为核心，加强石材标准化研究及相关标准的制修订。具体内容如下：

① 以产品标准的细化推动石材业从材料制造业向石材制品业的转变，同时带动试验方法标准的升级。

② 以保护资源、保护环境、保护人身安全为重点，加大石材业生产过程的技术管理规范的制修订，提高石材业的企业管理水平。

③ 以石材应用、施工中保护环境、注意安全及资源节约为重点，加大石材应用、施工技术规范的制修订，提高社会的石材应用、护理的水平。

④ 从石材机械的基础标准入手，建立石材业专用机械与工具的标准体系，提高我国石材业的技术装备水平与我国石材专用机械工具的国际竞争力。

⑤ 从石材业生产、施工的实际出发，加强石材的材料性能研究与标准的制修订，为我国石材业技术水平的提高创造条件。

⑥ 完成列入"十一五"规划的国家和行业标准制修订任务，做好石材标准化工作"十二五"规划。

⑦ 加强标准宣贯工作，及时了解标准实施状况和技术发展状况，及时完成标准复审工作，保持标准的时效性。

⑧ 大力组织培训工作，为企业培养一大批标准化技术人才。

⑨ 加强石材标委会与各分技术委员会、各级行业协会的沟通协调机制，将石材标准化工作有序高效地完成。

⑩ 组织起草石材压缩强度、弯曲强度、体积密度、吸水率、真密度、气孔率、耐磨性等石材基础性试验方法国际标准提案，争取形成国际标准。

⑪ 加强与欧美及国际石材标准化组织的联系，推进我国石材标准化工作的国际化水平，创造条件承接国际石材标委会秘书处的工作。

1. 石材标准体系框架

全国石材标准化技术委员会的业务范围：石材（天然和人工合成）、石材专用辅助材料、石材专用机械设备、应用技术规范及管理等领域标准化工作。

石材领域内标准体系框架，如图 1.1 所示。

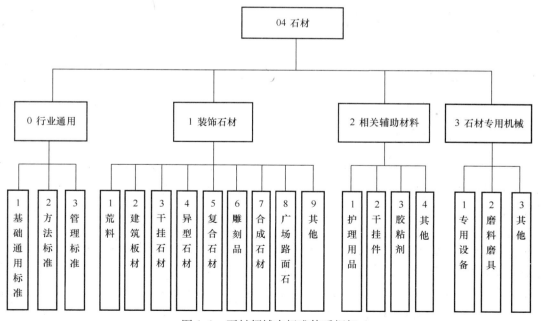

图 1.1　石材领域内标准体系框架

2. 石材标准体系表

参考国外标准体系，按照石材行业需要和标准的缺失情况，制定了石材行业标准体系表，见附录 A。

3. 石材标准化技术委员会体系表

全国石材标准化技术委员会体系示意表如表 1.1 所示。

表 1.1　全国石材标准化技术委员会体系示意表

体系类目代码	体系类目名称	GB/T 4754中行业分类代码	SAC/TC/SC编号	SAC/TC/SC名称	工作领域	国际标准化组织TC/SC编号及名称	ICS	中标分类
202-19-03	砖瓦、石材及其他建筑材料制造	313	TC460	石材			91.100.15 矿物材料和产品	Q21 石材制品
202-19-03	砖瓦、石材及其他建筑材料制造	313	TC460/SC1	石材/管理规范和应用技术及规范	石材管理规范和应用技术及规范		91.100.15 矿物材料和产品	Q21 石材制品
202-19-03	砖瓦、石材及其他建筑材料制造	313	TC460/SC2	石材/产品及辅助材料	石材产品及相关辅助材料	ISO/TC 196 Natural stone（天然石材）	91.100.15 矿物材料和产品	Q21 石材制品
202-24-02-99	其他非金属加工专用设备制造	3629	TC460/SC3	石材/专用机械	石材专用机械		73.120 矿产加工设备	Q90/99 建材机械与设备
202-29-01	工艺美术品制造	421	TC460/SC2	石材/产品及辅助材料	石材工艺美术制品		97.150 铺地非织物	Y88 工艺美术品

4. 新制修订石材标准情况

全国石材标准化技术委员会从成立起，一直在着手建立完善的石材标准体系，通过不断地开展标准制修订工作，先后完成了一大批石材新标准项目，为规范和引导行业的发展做出了贡献。

先后承担了 60 项标准制修订项目计划，其中国家标准计划 41 项，行业标准项目计划 19 项。同时完成和参与了 3 项其他归口的石材标准：GB/T 13891—2008《建筑饰面材料镜向光泽度测定方法》、GB 24264—2009《饰面石材用胶粘剂》、JC/T 2114—2012《广场路面用天然石材》。参与了 GB 50897—2013《装饰石材工厂设计规范》、GB 50970—2014《装饰石材矿山露天开采工程设计规范》和 JGJ/T 331—2014《建筑地面工程防滑技术规程》工程建设标准的制定工作。

截止到 2013 年底，已批准发布的标准有 17 项，有 28 项标准在报批中，另有 15 项标准仍在制修订中，计划在 2014 年全部完成。申报未下达计划的有 3 项行业标准。

新发布实施的标准有：

◆ GB/T 9966.8—2008《天然饰面石材试验方法 第 8 部分：用均匀静态压差检测石材挂装系统结构强度试验方法》，2008-06-30 发布，2009-04-01 实施。

◆ GB/T 13890—2008《天然石材术语》，2008-06-30 发布，2009-04-01 实施。

◆ GB/T 13891—2008《建筑饰面材料镜向光泽度测定方法》，2008-06-30 发布，2009-04-01 实施。

◆ GB/T 17670—2008《天然石材统一编号》，2008-06-30 发布，2009-04-01 实施。

◆ GB/T 18600—2008《天然板石》，2009-03-28 发布，2010-01-01 实施。

◆ GB/T 18601—2009《天然花岗石建筑板材》，2009-03-28 发布，2010-01-01 实施。

◆ GB/T 23452—2009《天然砂岩建筑板材》，2009-03-28 发布，2010-01-01 实施。

◆ GB/T 23453—2009《天然石灰石建筑板材》，2009-03-28 发布，2010-01-01 实施。

◆ GB/T 23454—2009《卫生间用天然石材台面板》，2009-03-28 发布，2010-01-01 实施。

◆ GB 24264—2009《饰面石材用胶粘剂》，2009-07-17 发布，2010-06-01 实施。

◆ JC/T 202—2011《天然大理石荒料》，2011-12-20 发布，2012-07-01 实施。

◆ JC/T 204—2011《天然花岗石荒料》，2011-12-20 发布，2012-07-01 实施。

◆ JC/T 2086—2011《石材砂锯用合金钢砂》，2011-12-20 发布，2012-07-01 实施。

◆ JC/T 2087—2011《建筑装饰用仿自然面艺术石》，2011-12-20 发布，2012-07-01 实施。

◆ JC/T 2114—2012《广场路面用天然石材》，2012-12-28 发布，2013-06-01 实施。

◆ JC/T 2121—2012《石材马赛克》，2012-12-28 发布，2013-06-01 实施。

◆ JC/T 2192—2013《石雕石刻品》，2013-04-25 发布，2013-09-01 实施。

◆ JC/T 908—2013《人造石》，2013-04-20 发布，2013-09-01 实施。

◆ JC/T 2203—2013《石材加工生产安全要求》，2013-12-31 发布，2014-07-01 实施。

新标准的主要内容和变化如下：

（1）推广使用规格化板材

我国天然石材建筑板材规格尺寸的最小值为 300mm，然后以 300mm 为基数形成基础的规格尺寸，如 600、900、1200、1500、1800，主要局限于加工机械和设备。《天然花岗石建筑板材》、《天然砂岩建筑板材》、《天然石灰石建筑板材》标准为了给设计人员更多的选择规格，在不影响出材率的基础上增加了相关规格，均来自于基础规格，如 900 边长可分成 400 和 500，1500 边长可分成 700 和 800 或分成 1000 和 500。另外 300 边长可加工成 305，这是国外常用的规格，为 12in（英寸）。因此标准推荐了一系列边长尺寸，用户也可根据此分解方法使用其他有关的尺寸，以最大出材率为原则。厚度要求可根据使用场合和用途选择合适的尺寸，以减少资源浪费。《天然大理石荒料》、《天然花岗石荒料》标准为配合板材规格也相应地规定了荒料推荐规格尺寸，形成了从荒料、加工工具和产品市场的规格统一，以提高荒料利用率。规格化石材是市场需要，石材发展的趋势，也能提高效率和石材出材率，降低成本，节约资源。常用规格是可大批量生产和库存，适用于超市等销售手段，方便百姓使用和安装。标准提供的尺寸系列是引导设计和使用者，尽可能采用标准的规格，因为荒料、石材加工以及加工工具都是规格化的，随意地加工会造成许多浪费，增加生产成本。

（2）规范石材标准名称和术语

标准依据岩矿结构划分石材种类，严格执行相应的产品标准。石材的名称统一使用《天然石材统一编号》规定的标准名称，未列入标准的新品种需要进行备案。产品标准不再允许使用非标准名称和随意更改名称。

石材品种的统一编号划分为 5 大类，即花岗石（G）、大理石（M）、石灰石（L）、砂岩（Q）、板石（S）；统一使用四位数编码，每个石材品种的四位数编码是唯一的，取消了原标准中按种类分别编码的方法；编码的前两位是地区编码，增加了台湾和港澳地区，后两位品种顺序编码由十进制数改为十六进制数，增加了 A、B、C、D、E、F 五个符号；增加了产地地名和英文名称。

（3）增加了毛光板产品技术要求

随着石材业的发展，行业分工协作关系越来越明显，毛光板已不再是一个企业的中间产品，而成为一些企业的终端产品，向下游企业传递。其加工质量直接影响下游企业的产品质量，成为了一种新的检查验收产品。标准增加了毛光板分类和相应的技术要求。

（4）理化性能采用了国外先进标准内容

物理性能新增加了耐磨性和水饱和压缩强度技术要求，技术指标采用了美国 ASTM 相关标准内容，花岗石弯曲强度、压缩强度和吸水率比原标准有所提高。考虑到我国的石材种类不是都能达到美国 ASTM C615—03 标准的，这些石材广泛分布在福建、河北、北京等地，使用量很大。一般性地面装饰靠人踩的使用环境，这些花岗石是可以适用的。因此标准按用途分为功能用途和一般性用途两类要求，防止采用了国外先进标准而造成我国的产品受到限制。按照国内习惯，将蛇纹石划归大理石类，物理性能采用了美国 ASTM C503—05《大理石标准规范（外部）》和 ASTM C1526—03《蛇纹石标准规范》标准内容。

（5）检测方法有所变化

光泽度仪使用光孔直径在 ϕ18mm 以上的产品，测量点由原来统一五点更改为五点（≤600mm）和九点（>600mm）。平度测量由 2000mm 平尺改为 1000mm 平尺以及使用实际板材检测体积密度、吸水率和压缩强度等。

（6）规范了石材生产和施工用胶粘剂

以强制性标准形式规定了石材生产用胶粘剂（包括复合用胶粘剂、增强用胶粘剂、组合连接用胶粘剂）和施工用胶粘剂（地面粘贴用胶粘剂、墙面粘贴用胶粘剂）的性能，标准的实施将对我国石材应用的发展起规范和推动作用。

（7）补充了行业急需的缺失标准

《石材砂锯用合金钢砂》、《建筑装饰用仿自然面艺术石》、《石材马赛克》、《石雕石刻品》、《人造石》、《广场路面用天然石材》标准的制定，对比了国外产品技术，按照国情进行了必要的补充和完善，做出的科学合理规定适合我国国情，也将促进我国石材产业的技术进步和健康有序发展。

（8）突出安全生产和清洁生产要求

随着标准的进一步完善，行业安全生产和清洁生产有了标准依据，并逐步通过落实、清理、整顿和改造等措施，将石材企业建成环保、资源节约、综合利用的新型加工企业，彻底改变石材行业的粉尘、噪声、污水等影响环境的现状，提升产业整体状况，实现与自然和谐发展的目标。

为了使标准得到及时贯彻实施，先后在北京、上海、福建、山东济南、江苏南京、四川成都、贵州铜仁、广西贺州等地，利用国际石材展和其他有关石材会议条件，举办了各类石材标准宣贯培训活动，全面系统地阐述了这些新标准内容，使行业掌握标准的技术精髓和检验方法，吸收国际石材业先进的生产和应用技术，培养专业的质检队伍和标准化工作后继人才。同时专门针对新实施的标准内容编辑出版了《石材标准实施指南》、《石材装饰工程检测与验收》等书籍，使行业进一步了解石材有关的国内外先进标准内容，以适应国内外石材应用、加工、安装和贸易发展的需要，加强对建筑工程中天然石材产品质量控制和应用技术指导，保障石材工程安全，提高行业的整体技术水平。

5. 我国石材标准的差距

我国石材标准经过不断地修订和补充，在主要的产品标准方面已经比较完善并达到国际先进水平，许多产品标准是我国独创的，如异型石材、干挂石材、墓碑石、文化石、石材马赛克、复合石材、微晶石、石材防护剂等。但是在许多方面还存在很大差距。主要有：

① 石材的施工安装技术、应用技术、既有幕墙安全性能检验技术方面的标准还存在很大的空白；

② 石材矿山开采技术规范和管理规范存在巨大空白，开采技术普遍落后，造成乱采乱伐，资源浪费巨大；

③ 石材企业的生产管理、质量管理、环保节材方面的标准缺乏，直接套用 ISO 9000 系列标准并没有解决石材行业实际的管理问题，造成普遍存在管理混乱的局面；

④ 产品标准不够细化，尤其是不断出现的新产品、新种类、新工艺标准没有及时跟上；

⑤ 材料性能深层次的技术研究和方法标准与国外发达国家还存在较大差距。例如欧洲标准体系中的一些更深层次的试验方法是我们所缺乏的，如盐结晶强度、岩相分析、激冷激热、动力弹性模数、耐盐雾老化强度、耐断裂能量、静态弹性模数、线性热膨胀系数、毛细吸水系数等，增加这些项目的试验方法标准以及实际应用项目标准有利于我国石材基础性标准的丰富和科学研究，争取起草出台石材方面的国际标准，更能够提高我国在国际上的标准话语权，促进石材国际贸易，扩大我国参与国际标准化工作领域，对提高国际地位具有积极的意义。

目前石材行业没有出台国际标准，主要的标准体系有美国 ASTM 石材标准、欧洲 EN 石材专业标准。我国的石材基础、产品和试验方法标准主要是采用美国 ASTM 石材标准，物理要求与其基本相同，增加了加工质量和放射性方面的要求，是目前世界上较完善且最严格的石材标准。我国石材行业已发展成为世界石材大国，成为世界最大的生产国、消费国和进出口国，而且世界石材的重心在向中国转移，中国成为名副其实的世界石材加工厂。与行业相适应，我国的石材标准也受到了世界的瞩目，也在跟世界接轨。我国石材标准的发展趋势必将是引领世界石材行业、向国际先进水平看齐，真正成为石材技术大国。在融合各石材先进标准的基础上出台国际石材基础性标准，也应当是我们下一步的目标。

6. 发展前景

成立全国石材标准化技术委员会适应了石材工业的高速发展，满足了国内外贸易的需求，在规范市场、促进石材工业技术进步和发展、保护环境、合理利用资源以及更好地与 ISO/TC196 对口等方面会发挥更大的作用。通过我国的石材标准化工作，逐步跻身国际舞台，制定石材国际标准，从而承担 ISO/TC196 的工作，在国际石材标委会中发挥重要的作用，提高我国在该领域内的标准话语权。

2 石材商业分类与鉴别

2.1 石材品种和分类

1. 定义

石材（stone）是以天然岩石为主要原材料经加工制作并用于建筑、装饰、碑石、工艺品或路面等的材料，广义上的石材包括天然石材和合成石材。石材是个商业名称，虽然是从沉积岩、火成岩、变质岩三大岩系的天然岩体中开采出来，但不特指哪类岩石和矿物，与地质中的各类岩石和矿物有本质的区别。

天然石材（natural stone）是经选择和加工成的特殊尺寸或形状的天然岩石，有时简称石材。天然石材的开采加工不同于一般的非金属矿产品加工，需要保留岩石的整体完整性和颜色花纹特征，装饰用的石材还需要有一定的外形、颜色和花纹等装饰效果，这也是区分石材档次和价格的主要因素。广义上的天然石材包括以天然石材作为面材的复合石材产品。特别需要说明，天然石材在生产加工期间使用水泥或合成树脂密封石材的天然空隙和裂纹，未改变石材材质内部结构，仍属于天然石材范畴。天然石材矿山开采如图2.1和图2.2所示（见彩插）。

合成石材（agglomerated stone）是由集料（主要来源于天然石材）、添加剂和粘合剂混合制成的人造工业产品。粘合剂可以是树脂、水泥或两者的混合物（不同的百分比），生产工艺主要有搅拌混合、真空加压、振动成型、凝结固化等工序，产品形式为块体或板，并能加工成光面板、片、盖或类似形状。

2. 分类和用途

天然石材按照商业用途主要分为花岗石、大理石、石灰石、砂岩、板石以及一些亚宝石级的石材种类，按颜色、花纹特征和产地有上千个商业品种名称，按照用途主要分为天然建筑石材和天然装饰石材等。合成石材主要有水磨石、文化石、岗石、石英石、实体面材、微晶石等形式。主要分类及用途如表2.1所示。

表 2.1 石材分类及主要用途

名称		成分结构特征和种类	分类	性能特点	主要用途
天然石材	花岗石	主要成分为硅酸盐，岩浆岩或变质岩	一般用途	硬度高，耐酸碱、抗风化能力强，装饰效果为冷色调，庄重	适用于室内外墙面、地面、柱面、广场、路面等装饰和一般性结构承载
			功能用途	硬度、强度高，耐酸碱，抗风化能力强	地基、路基、水库等高要求结构用途

名称	成分结构特征和种类	分类	性能特点	主要用途
天然石材	大理石：主要成分为碳酸盐矿物的变质岩。商业上有方解石大理石、白云石大理石、蛇纹石大理石等	方解石	方解石（碳酸钙）矿物为主，密度高，吸水率低，可抛出光泽，暖色调	适用于室内墙地面装饰
		白云石	白云石（碳酸钙镁）矿物为主，常温遇酸不反应，密度最高，吸水率低，可抛出光泽，富丽堂皇的装饰效果	适用于室内墙地面、室外墙面装饰
		蛇纹石	蛇纹石（硅酸镁水合物）为主要成分，绿色或深绿色，伴有由方解石、白云石或菱镁矿等组成的脉纹。硬度高，耐酸碱、抗风化，流行颜色	适用于室内外墙地面装饰
	石灰石：主要成分为碳酸钙或碳酸钙镁的一类沉积岩。商业上有灰屑岩、壳状岩、白云岩、微晶石灰岩、鲕状灰岩、再结晶石灰石、石灰华（洞石）	低密度	密度在 $1.76\sim2.16g/cm^3$，疏松，吸水率大，无光泽	适用于室内墙面装饰
		中密度	密度在 $2.16\sim2.56g/cm^3$，吸水率大，不易抛出光泽，常有花纹图案	适用于室内墙地面和室外墙面装饰
		高密度	密度在 $2.56g/cm^3$ 以上，致密，吸水率低，可抛出光泽	适用于室内外墙地面装饰
	砂岩：主要由二氧化硅（石英砂）以及多种矿物、岩石颗粒凝结而成的一种多孔隙结构沉积岩。商业上有蓝灰砂岩、褐色砂岩、石英砂岩、石英岩、砾岩、粉砂岩	杂砂岩	二氧化硅含量在 50%～90%，多孔结构，强度随结构变化大，具有独特古朴装饰风格	适用于室内外墙面装饰
		石英砂岩	二氧化硅含量在 90%～95%	
		石英岩	二氧化硅含量在 95% 以上	
	板石：微晶变质岩，通常大部分源于页岩，可沿层理面劈开形成薄而坚硬的石板。商业上主要有饰面板和瓦板	瓦板	弯曲强度大于 40MPa	适用于屋顶盖板
		饰面板	弯曲强度大于 10MPa，具有返璞归真的装饰效果	适用于室内外墙地面
	其他类：亚宝石级的一些石材，起点缀作用，一般不常用。诸如玉石、雪花石膏、绿岩、片岩、皂石等	—	数量少，较珍贵	用于与其他石材的连接处起对照或突出重点作用
合成石材	无机粘结剂型：使用水泥为粘结剂，利用石渣或陶粒、浮石等材料制成的装饰石材。主要有水磨石、艺术浇注石和建筑装饰用仿自然面艺术石（俗称文化石）等	水磨石	工艺简单，成本低，档次较低	最早的人造石产品，家居环境逐渐淘汰，多使用在广场、步道和特殊场合，如防静电等
		文化石	随意性大，可模仿任何实际图案和形状，工艺简单，成本低	广泛用于仿古建筑和装饰中
		艺术浇注石	随意性大，可制成任何图案和形状，工艺简单，成本低	适用于室内外装饰

名称		成分结构特征和种类	分类	性能特点	主要用途
合成石材	树脂粘结剂型	使用不饱和树脂为粘结剂，利用石粉、石渣或其他填充材料制成的装饰石材。主要有人造大理石（俗称岗石）、人造石英石（俗称石英石）、实体面材	岗石	由大理石粉和8%的不饱和树脂组成，具有天然大理石的特征，强度高，吸水率低，无色差等。缺点是硬度低，不耐磨，不耐老化	适用于室内墙面装饰
			石英石	由石英颗粒和不饱和树脂组成，具有天然石材的特征，强度高，吸水率低，无色差等。硬度和耐磨有一定提高	适用于室内墙地面装饰
			实体面材	由树脂和石英或其他填充阻燃剂材料组成，树脂胶含量一般在15%～25%。具有耐污、耐磨、耐火和环保等特征，易变形。一些新型石英石台面板的树脂含量可达6%	适用于厨房台面等
	烧结型	将岩石融化后成型、凝固，形成新的装饰石材。主要有建筑装饰用微晶玻璃，俗称微晶石	微晶石	光泽度高，硬度高，无色差	适用于室内外墙面
复合石材	硬质基材复合板	石材面材与陶瓷、石材、玻璃等硬质材料复合。主要有石材-陶瓷复合板、石材-石材复合板、石材-玻璃复合板	石材-陶瓷	规格化生产，施工便利	适用于家居的墙地面装饰
			石材-石材	经济，低档石材具有高档石材的装饰效果	适用于室内装修
			石材-玻璃	具有透光性	适用于前台、柱面等发光装饰
	软质基材复合板	石材面材与铝蜂窝、树脂等柔性材料复合。主要有石材-铝蜂窝复合板	石材-铝蜂窝	天然石材装饰效果，质量轻，具有弹性变形	适用于室内外高层装饰、吊顶等特殊场合

有一些用半珍贵的玉石被加工成石材使用，它们通常用在连接处起对照或突出重点作用，或者加工成异型石材、雕刻或工艺品等。这类石材主要包括：

雪花石膏：柔软易雕刻的大块石膏（硫酸钙），经常易弄脏和退色。带状石笋方解石也常被称为雪花石膏。

绿岩：基性或超基性组成的变质岩，有非常好的颗粒尺寸，颜色从中等绿到微黄绿再到几乎黑色。

片岩：由石英-长石组成的片状变质岩，特点是像云母或亚氯酸盐这类扁平或棱镜型矿物形成的薄片。片岩很容易沿着叶面劈开。这种岩石存在许多分级，部分进入到片麻岩。

蛇纹石：主要或完全由蛇纹岩（水合硅酸镁）组成的岩石，一般呈绿色，但也可能是黑色、红色或其他颜色，通常有脉纹源于方解石、白云石或菱镁矿（碳酸镁）或一个组合。

皂石（滑石）：富含云母的岩石有感觉光滑的特性。皂石开采是为了特殊目的，如壁炉和实验室柜台顶，因为其耐高温和耐酸。

3. 命名和统一编号

天然石材的商业品种名称包括中文名称、英文名称和统一编号三个方面。中文名称依据产地名称、花纹色调、石材种类等可区分的特征确定。一般有地名加颜色，即产地地名和石材颜色，如山西黑、鄯善红、南非红、西班牙米黄等；形象命名，即石材颜色、花纹特征的形象比喻，如海贝花、木纹、金碧辉煌等；人名加颜色，即人名或官职名加上颜色，如贵妃红、将军红；动植物形象加颜色，即动植物名字和本身颜色组成，如樱花红、菊花黄、孔雀绿。有的石材名称直接使用了原有石材矿口编号，如603、654、640等。石材的英文名称一般采用习惯用法或外贸名称，多以音译法和特征名词为主。

天然石材的统一编号由一个英文字母、两位数字和两位数字或英文字母三部分组成：

第一部分为石材种类代码，由一位英文字母组成，代表石材的种类。

① 花岗石（granite）——G；

② 大理石（marble）——M；

③ 石灰石（limestone）——L；

④ 砂岩（sandstone）——Q；

⑤ 板石（slate）——S。

第二部分为石材产地代码，由两位数字组成，代表国产石材产地的省市名称，两位数字为 GB/T 2260 规定的各省、自治区、直辖市行政区划代码。

第三部分为产地石材顺序代码，由两位数字或英文字母组成，各省、自治区、直辖市产区所属的石材品种序号，由数字 0～9 和大写英文字母 A～F 组成。

我国天然石材现有的品种名称和统一编号见附录 B，常用的进口石材名称和产地见附录 C。

2.2 花 岗 石

1. 定义

花岗石在商业上是指以花岗岩为代表的一类石材，包括岩浆岩和各种硅酸盐类变质岩石材。花岗石一般是粒状火成岩，颜色通常从粉红到浅灰或深灰，主要由石英和长石组成，并伴有少量黑色矿物，纹理一般均匀，有些呈片麻岩或斑岩结构，如图 2.3 所示（见彩插）。

一些黑色小粒状火成岩，在地质学上不属于花岗岩，但是其与花岗岩有相同的性能特征和商业用途，也包含在花岗石的商业定义中，如图 2.4 所示（见彩插）。黑色的火成岩被地质学家定义为玄武岩、辉绿岩、辉长岩、闪长岩、斜长岩等，被开采用作建筑石料、饰面材料、纪念碑和其他特殊目的，作为黑色花岗石出售。这种岩石的化学和矿物学成分与真实的花岗岩有相当大的不同，但是黑色花岗石在一些方面可以让人满意地作为如同商业花岗石一样的目的。它们含有一种联锁的结晶结构，但是不像花岗岩，它们含有少量或不含有石英或长石。相反，黑花岗石主要由介质及钙长石组成，伴有一种或多种常规黑色岩石，黑色岩石是由辉石、角闪石和黑云母等矿物形成。这类岩石，因为它们的铁和镁含量较高，常被作为铁镁矿或铁镁介质。斜长岩例外，虽然普遍黑色，但主要或完全由钙斜长岩组成。

2. 分类与鉴别

花岗石按照商业用途分为一般用途和功能用途两大类。一般用途是指用在普通装饰场合，例如室内外地面等，不涉及重大安全问题；功能用途指使用在结构性承载用途或特殊功能要求场合，例如干挂幕墙、桥梁、地基等。

各种岩类的花岗石可以从矿物外观特征方面进行鉴别，如有明显的石英和长石矿物结构就是花岗岩类石材，石英呈透明的颗粒状物质，斜长石呈白色，正长石呈粉红色。玄武岩等其他岩类花岗石也可从矿山岩石特征方面确定，如玄武岩为柱状发育。当然最为专业的鉴定还是由专业技术人员借助仪器设备进行。花岗石的用途分类是依据弯曲强度和压缩强度值进行的。

3. 性能特征与分布

花岗石类石材具有硬度高、密度大、吸水率低、强度高、耐酸碱、耐风化、耐磨损等性能，是天然石材种类中最适合使用在室外和恶劣环境的一类石材，可广泛地使用在城市的广场、道路和公共建筑工程中，以及一些特殊要求的环境。但是花岗石的不同品种之间也存在较大的性能差异，例如颗粒越细腻的品种，密度越大，吸水率越低，强度越高，相反粗颗粒的花岗石强度会低，有的超大颗粒的花岗石在水饱和状态和105℃的干燥状态下甚至达不到标准的要求。因此在选择花岗石时，除了注意颜色等外观外，更多地应注意各项具体的性能指标。

我国的花岗石储量巨大，品种繁多，开采较早的集中在福建和山东等地，也是我国出口的主要石材产品。品种以芝麻白系列（如福建603、623，莱州芝麻白等）、粉红系列（如山东樱花红、五莲红，福建安溪红等）、芝麻黑系列（如654、济南青等）居多。随后各地陆续发现并进行了花岗石的开采，如河北、山西、内蒙古等地的黑色系列，新疆、河南、四川等地的红色系列、绿色系列等。花岗石也有一些特殊稀有的进口品种，如美国白麻，印度红、黑金沙，巴西金钻麻、南非红等品种。

2.3　大　理　石

1. 定义

大理石在商业上是指以大理岩为代表的一类石材，包括结晶的碳酸盐类岩石和质地较软的其他变质岩类石材。大理石类所有石材都能抛出镜面光泽，依靠独特的颜色和花纹特征，呈现出富丽堂皇的装饰效果，如图2.5所示（见彩插）。这类石材组成和结构类型变化较大，范围从纯碳酸盐到碳酸盐含量很低的岩石在商业上统称为大理石（如蛇纹石大理石）。大部分大理石拥有联锁结构，晶体颗粒尺寸从隐晶质到5mm。

2. 分类与鉴别

目前大理石按照主要矿物成分分为：

方解石大理石（calcite marble）：主要由方解石（碳酸钙）组成的晶质结构大理石；

白云石大理石（dolomite marble）：主要由白云石（碳酸钙镁）组成的晶质结构大理石；蛇纹石大理石（serpentine marble）：主要由蛇纹石（水合硅酸镁）、方解石、白云石组成的大理石，如图2.6所示（见彩插）。

目前市场上大部分米黄大理石、白色大理石均为方解石大理石；只有少量白色的大理石为白云石大理石，如北京房山的汉白玉；少量绿色的大理石为蛇纹石大理石，如大花绿等。

3. 性能特征与分布

大理石的主要成分为碳酸盐，属于变质岩类，结晶程度好，容易抛光，有一定的强度。白云石在常温下与盐酸是不反应的，蛇纹石则具有一定的耐酸性，因此大理石也适用在各种装饰场合，但是由于易受到污染问题，尤其是白色大理石，目前大理石更多地使用在室内墙地面的装饰。

我国现有的大理石矿山资源主要分布在四川、河南、湖北、广西、云南、贵州、安徽、陕西、湖南和江西等省份，其中较有特色的大理石品种有山东的黄金海岸和黑金花、河南的松香黄、浙江的杭灰、辽宁的丹东绿、湖北的黑白根和黑啡宝、广西的银白龙、云南和贵州的木纹石等。我国白色大理石品种主要有房山汉白玉、宝兴白、雪花白、广西白等。除此以外，近年来在四川、云南、贵州等省还开发出了一些米黄大理石新品种。就整体而言，我国各个大理石矿山的储量有限，花纹色调不稳定，各地矿山整体开发力度较弱，还不能满足国内再次掀起的天然大理石装修热潮的需求，因此国产大理石的用量目前相对较小。市场上大理石的主流品种和用量主要依靠进口。

世界大理石矿山主要分布在欧洲、西亚和中东等国家或地区，如意大利、西班牙、法国、希腊、土耳其、伊朗、埃及、沙特、阿曼、以色列等，近年来东南亚，如菲律宾、印尼、缅甸等国家或地区也有大理石在开发。目前市场流行的大理石颜色一般是以米黄色、白色和灰色为主，如西班牙米黄、莎安娜米黄、银线米黄等；兼有绿色、咖啡色等，如大花白、大花绿，爵士白、雅士白，深啡网、浅啡网。国外大理石矿山通常来说资源储量大，颜色稳定，便于大规模开采和工程应用，因此我国目前是大理石的主要进口国和消费市场。

2.4 石 灰 石

1. 定义

石灰石在商业上指主要由方解石、白云石或两者混合化学沉积形成的石灰华类石材，如图2.7所示（见彩插）。石灰石在矿物组成方面与大理石相似，均源自沉积岩，只是石灰石无变质或变质不完全，结晶程度不高，因此石灰石与大理石的划分界限不明确。再结晶石灰石、致密的微晶石灰石和石灰华若能抛出光泽，物理性能能符合大理石的指标，则也可划归在商业大理石种类范畴中，即可以按大理石销售。

石灰石的概念是新引入我国的，有些地方取个优雅的名字叫莱姆石，来源于英文（limestone），以区别水泥行业使用的石灰石。在我国早期的石材分类中，所有碳酸盐类石材均称为大理石，是我国少数开采的大理石矿山情况决定的。1998年，中银大厦工程使用了一种叫洞石（travertine）的进口石材，由于其特有的颜色和花纹备受人们青睐，虽然在国外建筑装饰行业中应用比较多，但在我国还不被人们熟知。从那以后，洞石石材在我国开始盛行，许多工程是采用干挂安装的方式使用在外幕墙，材料也从最早的意大利罗马洞石改成强度更低、价格相对便宜的伊朗洞石、土耳其洞石等。洞石实际上为一种变质不完全的石灰华，其结晶程度不高，加上孔洞和纹理，使得其体积密度、吸水率、弯曲强度和压缩强度等物理性能指标远远比不上我国产大理石，其物理性能指标均低于我国大理石国家标准的技术要求。该类石材的广泛应用给工程验收工作带来不便，原因是物理性能指标不符合我国大理石标准，无法提供合格的材料检验报告。同时在缺乏标准依据的前提下，大量的工程实际应用带来了许多安全方面的隐患，行业迫切需要补充该类石材的标准。

在参考了美国（ASTM）石材标准分类后，2005 年，我国出台了 JC 830—2005《干挂饰面石材及其金属挂件》行业标准，正式将石灰石概念引入我国，并制定了干挂石灰石的物理性能技术指标，这些指标均来自美国（ASTM）石灰石标准中密度内容。2009 年，我国出台了 GB/T 23453—2009《天然石灰石建筑板材》国家标准，将美国（ASTM）石灰石标准的全部内容引入，将主要矿物为碳酸盐类但物理性能达不到大理石标准要求的石材纳入石灰石的范畴。

2. 分类与鉴别

石灰石按照密度划分为三类：

低密度石灰石：密度不小于 $1.76g/cm^3$ 且不大于 $2.16g/cm^3$；

中密度石灰石：密度不小于 $2.16g/cm^3$ 且不大于 $2.56g/cm^3$；

高密度石灰石：密度不小于 $2.56g/cm^3$。

按照矿物成分主要有：

灰屑岩：主要由碎屑状的方解石沙粒组成的石灰石，或极少的文石，通常含有微小的化石、贝壳碎片或其他化石残骸。

贝壳灰岩：石灰石主要由未变质的贝壳或贝壳碎片被方解石松散地粘结。

白云岩：沉积碳酸盐（石灰石的一种）主要或完全由白云石矿物组成。

微晶石灰石：主要或完全由晶体结构组成的石灰石，结晶体很小只有在放大条件下可辨认。如果它能够被抛出光泽度，在商业上分入大理石类。

鲕状灰岩：主要由被称为鱼卵石或鲕粒的球体或半球体颗粒组成的石灰石。

再结晶石灰石：石灰石中新的结晶模式普遍代替原有的碎屑颗粒、化石或化石碎片、空隙接合剂的晶体取向。新晶体的产生，包含碎片和矩阵材料，延伸过以前晶体分界线。新的晶体通常是比最初岩石要大。最初质地的迹象可能或不可能被保有。

石灰华：多孔的局部分层结晶的方解石岩石，起源于化学堆积。

石灰石的鉴别主要通过化学分析、岩相分析和物理性能指标区别：主要矿物成分为碳酸盐矿物；物理性能低于大理石的指标要求，通过密度范围划分详细类别。日常的鉴别可以通过反映石质软硬程度的抛光来确定，抛不到 70 光泽单位以上的一般为石灰石，当然通过面胶和结晶硬化方式的抛光除外。

3. 性能特征与分布

石灰石的最大特点是强度低、不耐磨、耐候性能差，同时还存在大量的纹理、泥质线、泥质带、裂纹等天然缺陷，使得这种材料的性能均匀性很差。尤其是弯曲强度的分散性非常大，各项异性，大的弯曲强度可以到十几兆帕，小的不到 1MPa，有的在搬运的过程中就会发生断裂，选用时特别应注意。尤其是采用干挂方法大面积用在外墙，具有极高的风险。

石灰石多有傲人的颜色和丰富的纹理特征，是建筑师和用户追逐的目标，因此推动了石灰石类石材的大量涌现和实际应用。在生产工艺和应用方面针对石灰石也有所改进，如荒料渗胶可以减少破损率，大板背网可以提高强度、减少破损，面胶可以有效提高光泽度，结晶硬化可以提高耐磨性、有效改善防滑和污染等问题。

石灰石的分布情况与大理石情况类似，我国主要集中在云南、贵州等地，以木纹石材最具代表性。进口米黄类石材大部分属于石灰石类，比较集中在伊朗、土耳其、埃及等西亚和中东国家或地区。

2.5 砂 岩

1. 定义

砂岩在商业上指矿物成分以石英和长石为主，含有岩屑和其他副矿物机械沉积岩类石材，如图 2.8 所示（见彩插）。

砂岩也是新引入我国的一个石材种类，早期我国没有该类石材的开采。一种叫澳洲砂岩的进口石材品种进入我国后，其亚光装饰面古朴自然，深受设计师们的喜爱，因此许多工程采用干挂法应用在墙面。我国陆续也发现了许多砂岩矿山，在市场应用的推动下迅速得到了开发利用。跟石灰石方法一样，参考了美国（ASTM）砂岩标准内容，最早在 JC 830—2005《干挂饰面石材及其金属挂件》行业标准中正式引入砂岩概念，并对原有指标进行了提升。2009 年，出台了 GB/T 23452—2009《天然砂岩建筑板材》国家标准，将该类石材列入我国石材标准体系。

2. 分类与鉴别

砂岩按照石英含量分为以下三类：

杂砂岩：主要由矿物和岩石碎片组成的沉积岩，沙粒尺寸范围从 0.06～2mm，而且至少有 50% 的自由硅，通过硅石或多种硅酸盐粘结或结合成更大或更小，有时呈现带有氧化铁和硅土，压缩强度超过 28MPa。

石英砂岩：砂岩至少包含 90% 以上的自由硅（石英颗粒加硅土粘合剂），压缩强度超过 69MPa。

石英岩：高度坚硬，主要变质砂岩至少包含 95% 自由硅，压缩强度超过 117MPa。

砂岩的外观特征比较明显，但是鉴别主要还是依据石英的含量。目前市场上的大部分砂岩属于杂砂岩，少数品种为石英砂岩。石英岩在我国也有发现，但作为石材使用的却很少。也有的石材品种的外观呈现沙粒状特征，但是沙粒主要为碳酸盐矿物，石英含量不足 50%，此类石材不属于砂岩系列，应属石灰石范畴。

3. 性能特征与分布

砂岩的性能主要取决于颗粒间胶结物成分和结构，硅质胶结物强度一般会高一些，钙质胶结物强度会稍微低一些，变质结构强度会很高。砂岩的吸水率很高，不宜使用在地面上，使用在外墙时应做好防护处理。砂岩也是一种非常好的吸声材料，非常适合于影剧院内墙的装饰。

目前我国砂岩品种不断地在开发利用，先后在四川、山东、山西、河南、湖南、云南等地发现了优秀的砂岩品种，颜色主要有白色、黄色、红色、绿色、黑色等，有的呈现木纹图案，理化性能均符合标准要求。在进口品种方面，主要还是澳洲砂岩等品牌应用比较广。

2.6 板 石

1. 定义

板石在商业上指易沿流片理产生的劈理面裂开成薄片的一类变质岩类石材。

板石属于微晶变质岩，通常大部分源于页岩，主要由云母、亚氯酸岩和石英组成。所含的云母矿物有近似平行的走向，可沿层理面劈开形成薄而坚硬的石板，如图 2.9 所示（见彩插）。

板石是在大地构造过程中泥质岩沉积后经过区域变形和变质作用而成。板岩矿体多呈层状或似层状与围岩整合产出，根据现有资料按板石的成分可分为以下几类：

① 绢云母（泥质）板岩：包括含炭绢云母板岩，硅绢云母板岩，含硅绢云母板岩和含钙绢云母板岩。

② 砂质板岩或粉砂质板岩。

③ 钙质板岩：包括炭钙质板岩和含硅钙质板岩。

④ 硅质板岩：包括炭质硅质板岩和含黄铁矿硅质板岩。

⑤ 炭质板岩：含大量分散的炭化有机质的板岩。

按颜色可将板石分为灰色（深灰、青灰、黑灰）板石，灰绿色板石，黑色板石，还有红色、白色等颜色的板石，板石的颜色与成分和形成环境有关。

2. 分类与鉴别

板石按用途分为饰面板和瓦板两类：

① 饰面板（CS）：用于地面和墙面等装饰用途的板石；按弯曲强度分为 C_1、C_2、C_3、C_4 四类。

② 瓦板（RS）：用于房屋盖顶用途的板石；按吸水率分为 R_1、R_2、R_3 三类。

瓦板与其他石材的区别在于外观方面：瓦板是层状结构，靠劈裂形成的板材，可以继续劈裂成很薄的石材，表面是劈裂出来的自然凹凸面，整体又是一个板状结构，因此与其他类石材制成的蘑菇石、劈裂面板材还是有明显不同的。饰面板和瓦板的区别在于用途，但是瓦板的弯曲强度要求会更高一些，一些弯曲强度不高的板石仅适合在室内湿贴装饰，还有一些不耐酸碱和风化的板石也划归饰面板，不可用于房屋盖顶用。

3. 性能特征与分布

板石饰面有一种特殊的文化氛围，更多地适用于表现艺术气息的装饰效果。板石的层状结构一般不适合目前采用短槽、背栓等干挂形式安装，会造成安全性能下降等问题。当然特殊情况也会有，有的板石层状结构不明显，难劈裂，且弯曲强度很高时，不排除使用干挂形式安装；也有的建筑物就是利用板石的层状易脱落特性来保持建筑物的常新效果，采用更加安全的装饰形式。

我国是世界上少数几个拥有板石资源的国家之一，板石资源分布非常广泛，主要分布在北京的房山区，河北的易县、唐县、满城和邢台地区，河南的林州地区，秦岭-大巴山周围的陕西安康地区，湖北的竹山和竹溪地区，江西的修水、星子和九江地区，还有贵州、湖南、四川和浙江等地。其中，秦巴山区的陕西、湖北两地和江西的板石产品以瓦板为主，北京、河北、河南等地的板石产品以装饰板为主。我国现有的板石产品生产地区主要在北京房山、河北、江西、陕西和河南等地。我国板石产品的工业化开采处于起步阶段，从20世纪80年代中期开始有出口需求以来，板石才真正走上工业化的道路，但是由于板石资源主要分布在经济相对落后地区，资金和技术缺乏，开采水平落后，生产效率低下，资源浪费巨大。

世界上板石产品开采与加工处于领先地位的国家是西班牙，无论在产量还是在加工上都处于世界第一的位置。西班牙的板石矿山开采是完全机械化的台阶式操作，与先进国家或地区大理石、花岗石的开采方式是相同的，这样开采出的荒料六面平整，八角垂直，出料率高，矿山开采阶段的浪费少，可形成较大的板材产品。

2.7 合成石材

1. 定义

合成石材俗称人造石，范畴很大，目前以天然石材为主要原料经人工合成的装饰材料主要有：以无机材料作为粘结剂的，如水磨石、文化石、艺术浇注石等；熔融无机矿石的，如微晶石；以有机树脂材料为粘结材料的，如人造大理石、人造花岗石、实体面材等。

建筑水磨石是以水泥、石碴和砂为主要原料，经搅拌、振动或压制成型、养护、研磨等工序预制成的饰面石材，用于室内地面和室外人行便道。施工可以选择水泥基胶粘剂参照石材粘结法进行。

建筑装饰用仿自然面艺术石（俗称文化石）是以白水泥为粘结剂，以陶粒或浮石等轻质材料为集料，配以不同的颜料，模仿大自然的各种形状，克服了天然石材厚度大、质量重、不易安装、成本高、可加工造型单一的特点，是室内外墙面装修改造、个性道路铺设、凸显历史沧桑、兼容现代风尚装饰效果的新型装饰材料。

微晶石是由适当组成的玻璃颗粒经烧结和晶化，制成由结晶相和玻璃相组成的质地坚实、致密均匀的复相材料，用做建筑物的装饰。微晶石以颜色一致性和可选择性的特点被广泛应用于石材装饰行业，由于微晶石耐磨性差等特点更多适用于墙面装饰，参照采用干挂法安装。

人造大理石，以天然大理石粉为主要原料，采用不饱和树脂胶为粘结剂，经真空搅拌制成的饰面石材。大理石粉的含量一般超过90％，不饱和树脂胶的含量一般为8％。

人造花岗石，以天然石英砂为主要原料，采用不饱和树脂胶为粘结剂，经真空搅拌制成的饰面石材。石英砂的含量一般超过90％，不饱和树脂胶的含量最少可达到6％。

实体面材，学名为矿物填充型高分子复合材料，它是以甲基丙烯酸甲酯（MMA，又称亚克力）或不饱和聚酯树脂（UPR）为基体，由天然大理石或花岗岩石块（一般比例为90％或以上）、少量有色金属、贝壳等为补充料，经专用设备充分搅合后，加入颜料及其他辅助剂，经浇注成型或真空模塑或模压成型的复合材料。该复合材料无孔均质，贯穿整个厚度的组成具有均一性；它们可以制成难以察觉接缝的连续表面，并可通过维护和翻新使产品表面回复如初。实体面材产品不耐磨，更多地适用于台面装饰，安装可以选择反应型树脂胶粘剂、乳液胶粘剂并参照采用石材粘结法施工。

2. 分类与鉴别

目前石材领域内广泛使用的合成石材主要有使用无机粘结剂的文化石、使用树脂粘结剂的人造石，熔融矿石的微晶石等。

文化石，学名建筑装饰用仿自然面艺术石，按照粘贴面分为矩形（Z）和其他形状（S）两类。

人造石按照填充材料分为岗石（大理石粉）、石英石（石英石粉）、实体面材（氢氧化铝粉）三类。

微晶石按颜色基调分类，基本色调有白色、米色、灰色、蓝色、绿色、红色和黑色等。

文化石的装饰效果类似板石，但是比板石具有更多的颜色和形状变化，可模拟自然界的色差和形状变化，一般产品质地很轻，如图 2.10 所示（见彩插）。

目前的生产工艺可以让岗石形成很自然的纹理变化，材质均匀，没有天然石材的色差和裂纹缺陷等，但是在显微镜下观察呈粉状结构，没有天然石材的岩矿结构形式。石英石表面可观测到许多均匀的石英石颗粒，颜色单一，缺少纹理变化。实体面材则主要用在厨房和实验台的台面板，树脂含量高，具有一定的柔韧性。人造石的典型图片如图 2.11 所示（见彩插）。

微晶石呈不透明的玻璃结构，质地坚硬，敲击有清脆声，颜色单一，没有纹理变化，如图 2.12 所示（见彩插）。

3. 性能特征和适用范围

合成石材是一种符合节能、节材和资源综合利用政策的具有广泛发展前景的新产品，既保持了天然石材的品质，又具有节省资源、造型美观富丽、随意性强、无色差、强度高、质量轻、耐污染等优点，经过多年的发展和工艺的改进，已形成了多品种、多色彩、能模拟天然色彩的石材替代产品，适用于各种室内外装饰用途。

文化石产品是水泥基材料，耐紫外线和耐老化性能好，可广泛应用在室内外饰面，能更多反映的是仿古和乡土气息风格。由于吸水率高，一般应用在低层和别墅等饰面。

岗石产品可模仿天然石材的颜色和纹理特征，又避免了天然石材的色差和内部缺陷，可广泛应用在室内墙地面的装饰。石英石具有很好的耐磨性，可调配出各种通体颜色，只是同一板内缺少花纹和颜色变化，目前多用于台面等用途。实体面材主要用在厨房和灶台的台面材料，国内多采用石粉代替氢氧化铝粉，价格虽然便宜，但性能要差一些。人造石产品目前采用不饱和树脂胶粘剂，导致产品的耐紫外线性能差，长时间遇水和碱性物质会发生开裂、变形、变色等问题，选用最基本的一条原则是施工和应用环境中不宜与水、碱性物质、紫外线等接触，避免不了的环境中则不宜使用人造石产品。如人造石产品施工时不能使用水泥砂浆粘贴，可使用专用粘结剂或树脂胶粘剂施工；人造石产品也不适合使用在室外场合，避免雨淋、日晒；岗石地面可采用结晶硬化技术提高耐磨性能，增强防滑性，也可有效地保护岗石不受水和污染物质的侵蚀等。

微晶石目前因生产时耗能高和应用范围有限等问题，产业逐步在萎缩，但是微晶石具有良好的耐酸碱性能，还是具有一定的发展空间的。有的与陶瓷技术融合，积极调整产品结构，目前仅有少数几个大型企业在生产加工，日常应用不多。

3 石材产品类型与技术要求

3.1 综 述

石材行业经过三十年的快速发展，在生产工艺、技术和产品类型方面得到了极大的丰富和发展，目前主要产品种类和外观形式有以下方面。

1. 产品种类

（1）荒料

由矿山直接分离或经加工而成的具有一定规格符合加工要求的石料。一般是规则的六面体方料，特别是经绳锯或矿山圆盘锯切割下来的荒料非常规整，是加工板材产品的基本原材料，国内和进出口贸易量大。目前主要有花岗石荒料和大理石荒料的技术要求，其他种类的石材可以参考应用，只是物理性能指标有所差异。荒料产品外形如图 3.1 所示（见彩插）。

（2）毛光板

由荒料锯解成毛板，有一面经抛光具有镜面效果的大块板材，俗称大板。毛光板为石材工艺过程中的一个中间产品，最早不在市场上流通，但随着石材行业的社会化分工协作越来越细，以及矿山、生产、流通和工程用户的多样性，导致毛光板成为一个很重要的石材产品形式。矿山开采的荒料，一般在偏远的山区，就近组织初加工，形成毛光板产品，再经市场分销和流通环节，到达直接消费市场或工地，按照不同规格要求，裁切成相应的板材产品应用在工程中。目前市场上的进口石材基本也是采用这种形式，进口荒料在生产集散地加工成毛光板，再供应工程施工企业或二级石材加工企业；进口大板则是在荒料产地直接加工成了毛光板产品。毛光板采用一扎一扎包装、运输和储存，每扎板材一般来自同一块荒料，花纹颜色基本相同。同一块荒料的毛光板根据厚度和板面尺寸分成若干扎进行包装，如图 3.2 所示（见彩插）。

（3）建筑板材

建筑板材采用水泥基或树脂基胶粘剂直接粘贴在结构体上形成饰面的建筑装饰用天然石材板。通常规格尺寸在 300mm×300mm 以上，规格板的尺寸通常有 300mm×300mm×10mm、305mm×305mm×10mm、600mm×600mm×20mm 等。其他规格可根据实际需要进行加工，但由于出材率有变化，导致价格一般与规格板有较大的差异。花岗石、大理石建筑板材的厚度低于 50mm，石灰石建筑板材厚度低于 75mm，砂岩建筑板材厚度低于 150mm。通常厚度大于 12mm 的称为厚板，厚度在 8～12mm 称为薄板；厚度小于 8mm 的称为超薄板，超薄板在实际使用时需要复合另一种材料以增加强度，方可进行施工。板材产品如图 3.3 所示（见彩插）。

（4）干挂板材

干挂板材采用金属挂件安装在室内外墙面、柱面等区域的建筑装饰石材板。干挂板材的规格一般采用工程设计规格，俗称工程板，规格尺寸要比普通的建筑板材偏大一些，多采用长方形规格。厚度方面要视材质情况更厚一些，以便获得更高的承载能力，提高安全系数，如室内干挂镜面板材厚度大于 20mm，室外干挂镜面板厚度大于 25mm，遇到火烧面等粗面板材或强度比较低的石灰石、砂岩类石材时，厚度还要适当加厚。干挂板材的安装一般是在侧面开短槽或通槽，背面开背栓孔或背斜槽等，产品的外形同建筑板材，如图 3.3 所示（见彩插）。干挂板材因为安装风险较高，涉及安全性问题，所以对材质的物理性能和板材的外观缺陷要求较高，一些质地软、天然缺陷多的石材品种不适合作为干挂板材使用在室内外墙面。

（5）异型石材

加工成特殊的非平面外形的石材，主要产品形式有球体、花线和实心柱体。球体是指球状类石材装饰产品，常见的有风水球、地球仪等；花线是指具有一定几何图形的截面沿一定轨迹延伸所形成的装饰用石质板条，拐角装修时采用的各式石材线条，起过渡和连接作用；实心柱体是指截面轮廓呈圆形的建筑或装饰用石柱，常见的形式有雕刻龙柱、罗马柱等产品形式。异型石材产品如图 3.4 所示（见彩插）。

（6）墙地砖

石材墙地砖是指规格尺寸小于 300mm×300mm 且大于 100mm×50mm 的小块状板材，厚度一般在 8～12mm，类似于瓷砖粘贴工艺使用在低层墙面和地面装饰中，多采用自然面石材，具有古朴回归自然的装饰风格。板石是一种特殊的装饰板，沿层里面劈裂可形成独特的装饰风格，使用范围类似石材墙地砖，在国外板石产品还使用在房屋盖顶，特别是欧洲对板石有种特别的喜好。板石使用在墙地面装饰时称为饰面板，使用在屋顶时称为瓦板。石材墙地砖产品如图 3.5 所示（见彩插），板石类产品参考图 2.9（见彩插）。

（7）马赛克

用于建筑装饰用的由多颗表面面积不大于 50cm² 石粒与背衬粘贴成联的石材砖，称为马赛克。马赛克最早是为了消化石材生产加工产生的边角料，属于废物利用的一个产业，劳动密集型产品，价格较高，后来逐渐与艺术文化相结合，形成了石材名画和各种图案、形状的石材马赛克产品。石材板材尺寸小于 100mm×50mm 时不适合独立安装，由适当数量的石块组成一联，颗粒较大的产品采用玻璃纤维网作为背衬，便于整联铺装；颗粒过小的马赛克产品适合采用陶瓷基板作为背衬，否则容易在安装后出现脱落现象。有的马赛克颗粒间不存在间隙，利用不同石材的颜色体现整体画面效果，远观像一幅画，目前还仅是平面画的效果。也有的马赛克颗粒间存在规则的间隙，称为线路，利用石材颜色或形状展示天然的花纹艺术。典型产品如图 3.6 所示（见彩插）。

（8）复合板

石材复合板是指以石材为饰面材料，与其他一种或一种以上材料使用结构胶粘剂粘合而成的装饰板材。目前复合板主要以名贵的天然大理石超薄板为面材，厚度一般在 1～5mm，复合其他的无机或有机以及金属等材料，如陶瓷、石材、玻璃、铝蜂窝、铝塑板等，制成的新型饰面材料，实现有效利用石材资源。复合石材不仅节约石材资源，而且有效地降低石材重量，节约建筑载重方面的投入，使石材可以更加方便地安装在地面、墙面或屋顶，是我国石材业发展的新趋势。石材复合板是一种符合我国节能、节材和资源综合利用政策的具有发展前景的新产品，适用于质轻、节材、透光或其他特殊场合等用途。目前国内该类产品的生产企业还处于起步阶段，市场占有率及认可度在逐步增加，涌现出了诸如厦门基石伟业等一批优秀的生产企业和质量品牌，采用了陶瓷产品的连锁加盟营销、旗舰店的体验式直销等模式，逐步进入百姓家装市场。石材-陶瓷复合板典型产品外形如图3.7所示（见彩插）。

（9）台面板

石材台面板主要使用在卫生间或洗漱间等台面装饰，与陶瓷洁具、五金件等配套使用。在国外已形成批量化的标准件，在建材超市可随意选择。我国目前此产品的标准化程度低，主要依靠星级酒店装修或房地产开发商统一订购、安装，普通家装则视用户喜好选择性定制加工，石材加工企业参差不齐，产品形状和尺寸随意性很大，难以形成统一的标准化产品。与卫生间台面板类似，台面板产品还多应用在窗台、厨房灶台、桌面、茶几面或其他家具饰面等，基本外形如图3.8所示（见彩插）。

（10）墓碑石

石材墓碑石主要有两方面的产品：一种为殡葬行业广泛使用的墓石，指用天然石材加工成的立在坟墓前或后面的石碑套件，一般由墓碑和外栅组成，上面刻有相关文字、图案和造型；另一种为纪念意义的碑石，用天然石材加工成的具有纪念或标记性质的石碑，刻有文字或图案和造型等。我国墓碑石产品的出口量巨大，主要销往日本、韩国等地，国内墓碑石多是由陵园管理部门统一定制。典型产品如图3.9所示（见彩插）。

（11）壁炉

欧式装饰风格中的一种造型产品，多采用石材板材、花线拼接成的产品，国内应用有限，仅在高档装修中应用到，如图3.10所示（见彩插）。

（12）石雕石刻

该类产品应用历史悠久，范围广泛，从我国古代的石窟、佛像、石狮、桥梁、园林，一直到国外教堂建筑和古典建筑上的人物，到处都能找到石雕石刻的身影，保留了人类流传下来不同地域和时代的建筑风格和文化艺术。石材加工工具的进步和现代加工设备的发展给这项古老的技艺增添了动力，为这项产品的进一步发展开创了新的局面。自动化的三维雕刻机使得该类产品实现了现代化的批量生产，大大提高了效率和精度，成本降低，使得该类产品的应用范围越来越广，在城市建设和园林中各种观赏性和功能性的产品随处可见，高档酒店装修中最缺不了的就是石材艺术，如图3.11所示（见彩插）。

（13）广场路面石

广场路面用石材涉及三种主要的产品：广场石、路面石和路缘石。石材作为路面和广场材料，在古代就有广泛的应用，国内外保留下来的古镇都有石材成功应用的案例。石材应用在广场路面时的厚度一般超过50mm，非花岗石材料的厚度应更高，同时应根据承载情况确定，有车辆或重载机械通过的路面厚度要达到100～150mm。路缘石是近些年城市和道路改造过程中应用的新产品，一方面是原有的混凝土路缘石比不上花岗石路缘石的耐风化和抗碱性能，石材具有很好的使用寿命，另一方面也是石材行业的发展使得石材加工效率提高、成本降低，应用范围扩大的缘故，广场路面石材的广泛应用不仅解决了就地取材，节约成本、降低综合能耗问题，也为石材矿山大量边角料找到了出路，变废为宝，对矿山的清洁生产和综合利用具有极大的促进意义。广场石产品如图3.12所示（见彩插）。

（14）人造石

在石材领域内广泛使用的人造石产品目前主要是岗石、石英石和实体面材，与石材行业息息相关，这些产品要么以石材作为主要原料，或者使用了与石材相同的设备、加工、施工和护理方法，要么与石材有相同的装饰效果和应用领域，逐步融合到石材行业中。人造石首先是可以消化吸收石材行业的边角废料或石粉等，是个变废为宝的产业，同时随着技术的进步，产品具有天然石材的纹理和花色特征以及自然的装饰效果，弥补了天然石材的许多缺陷，在一些场合下可以方便快捷地替代天然石材产品，极大地丰富了石材产业的产品种类和结构。典型产品形式参见图 2.11（见彩插）。

（15）文化石

文化石是合成石材的一种，有的产品又称艺术浇注石。该类合成石材产品主要以艺术形状为特征，可模仿自然界中任何装饰效果，形成各种复杂的、艺术的或仿古的装饰面，以达到特定的装饰风格。同时该产品的粘结剂主要为无机材料，耐老化性能强，质量轻，可广泛适用在室内外的墙地面装饰，适用于低层建筑的艺术装饰风格，可按设计要求选择相应的造型和产品。典型的产品形式如图 2.10 和图 3.15 所示（见彩插）。

2. 外观形式

石材产品除了以上的外形加工形式外，石材产品选用不同的材质种类加工会有不同的外观表现结果，即使同一品种由于不同采矿点或不同的地质层面都有不同的花纹和颜色特性，有的石材不同的切割方向也会产生不同的花纹特征，形成的产品外观是不完全相同的。

相同材质和外形加工形式的石材因表面不同的加工工艺也会呈现不同的颜色和纹理特征，天然石材表面各种加工工艺特征和通常用途如表 3.1 所示，选用产品时应综合考虑视觉效果和功能用途等方面。

表 3.1　石材各种工艺表面和通常用途

工艺种类	工艺说明	特征与用途	备注
抛光	在生产过程中使用抛光磨料或抛光粉得到的有光泽的、平滑的表面。这种工艺显现出了石材的全部颜色和强烈的明暗差对比及特征	具有强烈的镜面效果，适用于室内外墙面和地面	表面光滑，沾水后防滑系数低。经常行走或暴露在露天易擦伤、磨损或风化，光泽度会下降，需要定期保养
细磨	在生产过程中使用磨料将石材表面打磨平滑，低光泽或无光泽	有柔和的视觉效果，适用于室内外墙面和地面，也用于窗台、黑板或专业游泳池的地面	不需要强烈的反光效果
喷砂	通过高压气流或高压水流将砂喷射到石材表面形成不光滑的表面，无光泽	起防滑作用或装饰图案，可减轻色差影响，与镜面石材具有不同的外观效果，适用于室内外墙面和地面	—
水喷	高压水流喷射到石材表面形成不光滑的表面，无光泽	能防滑，古朴的装饰效果，适用于室内外墙面和地面	—
仿古	用研磨刷将石材表面打磨成无光泽的不光滑表面	多用于大理石，防滑，古典的装饰效果，适用于室内外墙面和地面	也有采用振筛或滚筛将表面和棱角磨圆滑

工艺种类	工艺说明	特征与用途	备注
酸蚀	用酸对大理石和石灰石等表面腐蚀后形成的自然风化面	适用于大理石和石灰石的防滑、仿古等装饰效果	由于会对石材产生长期影响，不建议多用
火烧	用火焰喷射表面，引起结晶爆裂，而形成粗糙的表面	能提供良好的防滑保护，适用于花岗石墙面和地面	颗粒结构明显的石材效果会更佳，但破坏了表层结构，物理力学性能会下降，需要加厚
劈裂	沿着层里面或表面劈开而产生的自然表面	具有自然的装饰效果，适用于板石室内外墙面和地面。花岗石劈裂面用于墙面具有厚重的效果	花岗石劈裂面常称为蘑菇石
其他	如剁斧面、琢石面、粗锯和刀具切割面	特殊的装饰效果，适用于室内外墙面和地面	特殊需要

3.2 建筑板材

1. 产品分类和等级

（1）按照材质种类分

① 花岗石建筑板材（G）；

② 大理石建筑板材（M）；

③ 石灰石建筑板材（L）；

④ 砂岩建筑板材（Q）；

⑤ 板石（S）。

（2）按照表面加工分

① 粗面板（CM）：表面平整粗糙的板材。通常采用斧剁、锤击、烧毛、机刨、酸蚀、仿古、喷砂、水喷、劈裂等工艺形成。

② 细面板（亚光板）（YG）：表面平整光滑的板材。

③ 镜面板（抛光板）（JM）：表面平整，具有镜面光泽的板材。

（3）按照加工形状分

① 毛光板（MG）：有一面经抛光具有镜面效果的毛板。

② 普型板（PX）：正方形或长方形的建筑板材，规定尺寸的普型板称为规格板，石材规格板尺寸如表 3.2 所示。

③ 圆弧板（HM）：装饰面轮廓线的曲率半径处处相同的建筑板材。

④ 异型板（YX）：普型板和圆弧板以外的其他形状建筑板材。

表 3.2 普型板推荐规格尺寸系列 mm

边长系列	300[a]、305[a]、400、500、600[a]、800、900、1000、1200、1500、1800
厚度系列	10[a]、12、15、18、20[a]、25、30、35、40、50

a 常用规格。

（4）按照加工质量分

① 优等品（A）；

② 一等品（B）；

③ 合格品（C）。

2. 加工质量技术要求

（1）规格尺寸、平面度和角度

本部分反映的是石材企业生产加工技术水平，下面以工程应用最多的花岗石建筑板材为例加以说明，其他种类建筑板材仅在指标方面有所差异，请参考相关标准内容或书籍学习理解。

毛光板的平面度公差和厚度偏差应符合表 3.3 的规定。

表 3.3　花岗石毛光板平面度公差和厚度偏差要求　　　　　　　　　　mm

项　目		技术指标					
		镜面和细面板材			粗面板材		
		优等品	一等品	合格品	优等品	一等品	合格品
平面度		0.80	1.00	1.50	1.50	2.00	3.00
厚度	≤12	±0.5	±1.0	+1.0 -1.5	—		
	>12	±1.0	±1.5	±2.0	+1.0 -2.0	±2.0	+2.0 -3.0

普型板规格尺寸允许偏差应符合表 3.4 的规定。

表 3.4　花岗石普型板规格尺寸偏差要求　　　　　　　　　　mm

项　目		技术指标					
		镜面和细面板材			粗面板材		
		优等品	一等品	合格品	优等品	一等品	合格品
长度、宽度		0 -1.0	0 -1.5	0 -1.5	0 -1.0	0 -1.5	
厚度	≤12	±0.5	±1.0	+1.0 -1.5	—		
	>12	±1.0	±1.5	±2.0	+1.0 -2.0	±2.0	+2.0 -3.0

圆弧板壁厚最小值应不小于 18mm，弦长、高度尺寸允许偏差应符合表 3.5 的规定。圆弧板各部位名称及尺寸标注如图 3.13 所示。

表 3.5　花岗石圆弧板弦长和高度偏差要求　　　　　　　　　　mm

项目	技术指标					
	镜面和细面板材			粗面板材		
	优等品	一等品	合格品	优等品	一等品	合格品
弦长	0 -1.0		0 -1.5	0 -1.5	0 -2.0	0 -2.0
高度				0 -1.0	0 -1.0	0 -1.5

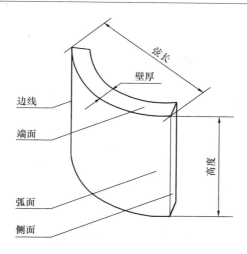

图 3.13 圆弧板部位名称

普型板平面度允许公差应符合表 3.6 规定。

表 3.6 花岗石普型板平面度公差要求 mm

板材长度 L	技术指标					
	镜面和细面板材			粗面板材		
	优等品	一等品	合格品	优等品	一等品	合格品
L≤400	0.20	0.35	0.50	0.60	0.80	1.00
400<L≤800	0.50	0.65	0.80	1.20	1.50	1.80
L>800	0.70	0.85	1.00	1.50	1.80	2.00

圆弧板直线度与线轮廓度允许公差应符合表 3.7 规定。

表 3.7 花岗石圆弧板直线度和线轮廓度公差要求 mm

项 目		技术指标					
		镜面和细面板材			粗面板材		
		优等品	一等品	合格品	优等品	一等品	合格品
直线度	≤800	0.80	1.00	1.20	1.00	1.20	1.50
（按板材高度）	>800	1.00	1.20	1.50	1.50	1.50	2.00
线轮廓度		0.80	1.00	1.20	1.00	1.50	2.00

普型板角度允许公差应符合表 3.8 的规定；圆弧板端面角度允许公差：优等品为 0.40mm，一等品为 0.60mm，合格品为 0.80mm；普型板拼缝板材正面与侧面的夹角不得大于 90°。

表 3.8 花岗石普型板角度公差要求 mm

板材长度 L	技术指标		
	优等品	一等品	合格品
L≤400	0.30	0.50	0.80
L>400	0.40	0.60	1.00

（2）光泽度

花岗石镜面板材的镜向光泽度应不低于 80 光泽单位，大理石镜面板材的镜向光泽度应不低于 70 光泽单位，其他种类石材、圆弧板和特殊的建筑板材光泽度需要由供需双方协商确定，需要在购销合同或技术图纸中注明。

3. 外观质量技术要求

石材的外观质量反映的是石材材质的品质质量和企业质量控制、排板等综合能力，基本要求是同一批板材的色调应基本调和，花纹应基本一致。花岗石板材正面的外观缺陷应符合表 3.9 规定，毛光板外观缺陷不包括缺棱和缺角。其他种类石材的外观缺陷请查阅相关标准或书籍。

表 3.9　花岗石建筑板材外观缺陷要求

缺陷名称	规定内容	技术指标		
		优等品	一等品	合格品
缺棱	长度≤10mm，宽度≤1.2mm（长度＜5mm，宽度＜1.0mm 不计），周边每米长允许个数（个）	0	1	2
缺角	沿板材边长，长度≤3mm，宽度≤3mm（长度≤2mm，宽度≤2mm 不计），每块板允许个数（个）			
裂纹	长度不超过两端顺延至板边总长度的 1/10（长度＜20mm 不计），每块板允许条数（条）			
色斑	面积≤15mm×30mm（面积＜10mm×10mm 不计），每块板允许个数（个）		2	3
色线	长度不超过两端顺延至板边总长度的 1/10（长度＜40mm 不计），每块板允许条数（条）			

4. 物理性能技术要求

建筑板材的物理性能应符合表 3.10 的规定；工程对石材物理性能项目及指标有特殊要求的，按工程要求执行。天然花岗石建筑板材的放射性应符合 GB 6566 的规定。

表 3.10　物理性能技术要求

材料种类	项目	吸水率（%）≤	体积密度（g/cm³）≥	压缩强度（MPa）≥	弯曲强度（MPa）≥	耐磨性（cm⁻³）≥	耐气候性（mm）≤
花岗石	一般用途	0.60	2.56	100	8.0	25	—
	功能用途	0.40	2.56	131	8.3		—
大理石	方解石	0.5	2.60	52	7.0	10	—
	白云石	0.5	2.80	52			—
	蛇纹石	0.6	2.56	70			—
石灰石	低密度	12.0	—	12	2.9	10	
	中密度	7.5		28	3.4		
	高密度	3.0		55	6.9		

项目 材料种类		吸水率 （%） ≤	体积密度 （g/cm³） ≥	压缩强度 （MPa） ≥	弯曲强度 （MPa） ≥	耐磨性 （cm⁻³） ≥	耐气候性 （mm） ≤
砂岩	杂砂岩	8	2.00	12.6	2.4	2	—
	石英砂岩	3	2.40	68.9	6.9	8	—
	石英岩	1	2.56	137.9	13.9	8	—
板石 （饰面板）	室内 C₁	0.45	—	—	10.0	8.0	0.64
	室内 C₂		—	—	50.0		
	室外 C₃	0.25	—	—	20.0		
	室外 C₄		—	—	62.0		
板石 （瓦板）	R₁ 类	0.25	—	—	破坏载荷（N） ≥1800	—	0.35
	R₂ 类	0.36	—	—			
	R₃ 类	0.45	—	—			

3.3　干挂石材

1. 分类和等级

（1）石材种类

按石材种类分为：

① 天然花岗石（代号为 G）；

② 天然大理石（代号为 M）；

③ 天然石灰石（代号为 L）；

④ 天然砂岩（代号为 Q）。

（2）产品类型

板材产品分为：

① 普型板（代号为 PX）；

② 圆弧板（代号为 HM）；

③ 异型板（代号为 YX）。

花线产品分为：

① 直位花线（代号为 ZH）：延伸轨迹为直线的花线；

② 弯位花线（代号为 WA）：延伸轨迹为曲线的花线。

实心柱体产品分为：

① 等直径普型柱（代号为 DP）：截面直径相同、表面为普通加工面的石材柱体；

② 等直径雕刻柱（代号为 DD）：截面直径相同、表面刻有花纹或造型的石材柱体；

③ 变直径普型柱（代号为 BP）：截面直径不同、表面为普通加工面的石材柱体；

④ 变直径雕刻柱（代号为 BD）：截面直径不同、表面刻有花纹或造型的石材柱体。

（3）表面加工

按表面加工程度分为：

① 镜面石材（代号为 JM）：饰面具有镜面光泽的石材；

② 细面石材（代号为 XM）：饰面细腻，能使光线产生漫反射现象的石材；

③ 粗面石材（代号为 CM）：饰面粗糙规则有序的石材。

（4）等级

按尺寸偏差、平面度、直线度与线轮廓度公差、角度公差、外观质量分为 A、B、C 三级。

2. 一般技术要求

干挂石材因安装风险高，涉及人身财产安全，避免高空脱落等严重问题，每块板材均应采取适当加固措施增强安全性，粘结用胶粘剂应符合 GB 24264 要求。干挂石材特别应做好表面护理，降低吸水率，减少外界物质的污染、腐蚀和冻融的影响，应针对具体石材选用适宜的防护剂进行表面处理，防护剂应符合天然石材防护剂国家标准要求。花岗石类干挂石材应控制放射性水平，应符合 GB 6566 的相关规定。

3. 技术要求

（1）规格尺寸

普型板的规格尺寸系列推荐使用表 3.11 内容，可有效地提高出材率和生产效率，降低成本，减少浪费。花线、实心柱体、圆弧板、异型板和特殊要求的普型板规格尺寸需要由供需双方协商确定，并在购销合同或加工图纸中注明。

表 3.11　普型板尺寸系列　　　　　　　　　　　　　　　　　　　　　　mm

边长系列	300[a]、400、500、600[a]、700、800、900[a]、1000、1200[a]、1500
厚度系列	20、25[a]、30、35[a]、40[a]、50

a　常用规格。

干挂石材最小厚度、单块面积应满足表 3.12 的规定。

表 3.12　干挂石材最小厚度和单块面积要求

项　　目		天然花岗石		天然大理石		天然石灰石和砂岩	
		镜面和细面板材	粗面板材	镜面和细面板材	粗面板材	弯曲强度不小于 8.0MPa	弯曲强度不小于 4.0MPa 且不大于 8.0MPa
最小厚度（mm）	室内饰面	≥20	≥23	≥25	≥28	≥25	≥30
	室外饰面	≥25	≥28	≥35	≥35	≥35	≥40
单块面积（m²）		≤1.5		≤1.5		≤1.5	≤1.0

在满足表 3.12 的前提下，干挂普型板材规格尺寸允许偏差应符合表 3.13 规定。

表 3.13　普型板规格尺寸允许偏差　　　　　　　　　　　　　mm

项　目	镜面和细面板材			粗面板材		
	A	B	C	A	B	C
长度、宽度	0 −1.0		0 −1.5		0 −1.0	0 −1.5
厚　度	+1.0 −1.0	+2.0 −1.0	+3.0 −1.0	+3.0 −1.0	+4.0 −1.0	+5.0 −1.0

在满足表 3.12 的前提下，干挂圆弧板的尺寸允许偏差应符合表 3.14 规定。干挂异型板材的厚度和板面面积也应符合表 3.12 的规定，干挂异型板材其他规格尺寸允许偏差由供需双方商定。干挂花线和干挂实心柱体尺寸允许偏差由供需双方协商确定。

建筑幕墙用干挂板材若采用宽缝挂装时，可按设计要求将长度、宽度允许偏差放宽至 ±1mm，并应在设计图中标出或在购销合同中明示。

表 3.14　圆弧板尺寸允许偏差　　　　　　　　　　　　　　mm

项　目	亚光面和镜面板材			粗面板材		
	A	B	C	A	B	C
弦长				0 −1.5	0 −2.0	0 −2.0
高度	0 −1.0		0 −1.5		0 −1.0	0 −1.5
厚度	+1.0 −1.0	+2.0 −1.0	+3.0 −1.0	+3.0 −1.0	+4.0 −1.0	+5.0 −1.0

板材上干挂安装孔的加工尺寸及允许偏差应符合表 3.15 的规定。

表 3.15　干挂石材安装孔加工尺寸及允许偏差　　　　　　　　mm

固定形式	孔　径		孔中心线到板边的距离	孔底到板面保留厚度	
	孔类别	允许偏差		最小尺寸	偏差
背栓式	直径	+0.4 −0.2	最小 50	8.0	+0.1 −0.4
	扩孔	±0.3			
		+1.0[a] −0.3			

a　适用于石灰石、砂岩类干挂石材。

板材干挂安装槽的加工尺寸及允许偏差应符合表 3.16 的规定。

表 3.16　干挂石材安装槽尺寸及允许偏差　　　　　　mm

项　目	通槽（短平槽、弧形短槽）		短槽		碟形背卡	
	最小尺寸	允许偏差	最小尺寸	允许偏差	最小尺寸	允许偏差
槽宽度	7.0	±0.5	7.0	±0.5	3.0	±0.5
槽有效长度（短平槽槽底处）	—	±2.0	100.0	±2.0	180.0	—
槽深（槽角度）	—	槽深：20.0	—	矢高：20.0	45°	+5°/0
两（短平槽）槽中心线距离（背卡上下两组槽）	—	±2.0	—	±2.0	—	±2.0
槽外边到板端边距离（碟形背卡外槽到与其平行板端边距离）	—	±2.0	不小于板材厚度和85，不大于180	±2.0	50.0	±2.0
内边到板端边距离	—	±3.0	—	±3.0	—	—
槽任一端侧边到板外表面距离	8.0	±0.5	8.0	±0.5	—	—
槽任一端侧边到板内表面距离（含板厚偏差）	—	±1.5	—	±1.5	—	—
槽深度（有效长度内）	16.0	±1.5	16.0	±1.5	垂直10.0	+2.0/0
背卡的两个斜槽石材表面保留宽度	—	—	—	—	31.0	±2.0
背卡的两个斜槽槽底石材保留宽度	—	—	—	—	13.0	±2.0

（2）平面度、直线度与线轮廓度公差

普型板、异型板的平面度公差应符合表 3.17 的规定。

表 3.17　平面度公差　　　　　　mm

板材长度	镜面和细面板材			粗面板材		
	A	B	C	A	B	C
≤400	0.2	0.4	0.5	0.6	0.8	1.0
>400～≤800	0.5	0.7	0.8	1.2	1.5	1.8
>800	0.7	0.9	1.0	1.5	1.8	2.0

圆弧板直线度与线轮廓度允许公差应符合表 3.18 的规定。

表 3.18　圆弧板直线度与线轮廓度公差　　　　　　mm

项　目		镜面和细面板材			粗面板材		
		A	B	C	A	B	C
直线度（按板材高度）	≤800	0.8	1.0	1.2	1.0	1.2	1.5
	>800	1.0	1.2	1.5	1.5	1.5	2.0
线轮廓度		0.8	1.0	1.2	1.0	1.5	2.0

花线和实心柱体的直线度与线轮廓度允许公差应分别符合 JC/T 847.2—1999 和 JC/T 847.3—1999 标准的规定。

（3）角度公差

普型板角度允许公差应符合表 3.19 的规定。圆弧板角度允许公差：A 级为 0.40mm，B 级为 0.60mm，C 级为 0.80mm。干挂板材正面与侧面的夹角不得大于 90°。异型板角度允许公差由供需双方商定。花线和实心柱体的角度允许公差应符合 JC/T 847.2、JC/T 847.3 的规定。

表 3.19　普型板角度公差　　　　　　　　　　　　　　　　　　mm

板材长度	A	B	C
≤400	0.30	0.50	0.80
>400	0.40	0.60	1.00

（4）外观质量

干挂板材外观质量应按照石材种类分别符合 GB/T 18601、GB/T 19766、GB/T 23452、GB/T 23453 中外观质量的要求。干挂花线的外观质量应符合 JC/T 847.2 的规定，实心柱体的外观质量应符合 JC/T 847.3 的规定。

（5）光泽度

天然花岗石镜面板材镜向光泽度应不低于 80 光泽单位，天然大理石镜面板材镜向光泽度应不低于 70 光泽单位。其他镜面产品的镜向光泽度值和有特殊要求时由供需双方协商确定。

（6）物理性能

干挂石材的物理性能技术指标应符合表 3.20 的规定。

表 3.20　干挂石材物理性能技术要求

项　　目		技术指标			
		天然花岗石	天然大理石	天然石灰石	天然砂岩
体积密度（g/cm³）≥		2.56	2.60	2.16	2.40
吸水率（%）≤		0.40	0.50	3.00	3.00
干燥	压缩强度（MPa）≥	130	50	30	70
水饱和					
干燥	弯曲强度（MPa）≥	8.3	7.0	4.0	6.9
水饱和					
抗冻系数（%）≥		80	80	80	80

干挂石材在实际工程中与使用的挂件组成挂件组合单元的挂装强度应符合表 3.21 的规定，工程有特殊规定时按设计要求执行。

表 3.21　挂件组合单元挂装强度技术要求

项　　目	技术指标	
	室内饰面	室外饰面
挂件组合单元挂装强度	不低于 0.65kN	不低于 2.80kN

干挂石材在实际工程中与使用的挂件组成挂装系统的结构强度应符合表3.22的要求，工程有特殊规定时按设计要求执行。

表 3.22 挂装系统结构强度技术要求

项　　目	技术指标	
	室内饰面	室外饰面
石材挂装系统结构强度	不低于 1.20 kPa	不低于 5.00 kPa

3.4 异形石材

我国异型石材的产品种类最早以前分为圆弧板、花线和实心柱体。随着圆弧板应用越来越广，先进的加工技术使得逐步发展成为一个成熟的产品类型，使用量较大，被花岗石、大理石等产品的国家标准纳入到建筑板材和干挂板材一类，成为石材板材标准中的一类特殊板材——弧面板。新修订的异型石材标准中，将异型石材分为球体、花线和实心柱体。球体石材主要以风水球为代表的一类艺术装饰产品，因球体标准未出台，本节主要介绍装饰领域比较多见的花线和实心柱体产品的分类、技术要求等。

1. 花线

（1）分类和等级

① 分类

按所用石材种类分为：大理石花线（代号为M）和花岗石花线（代号为G）。

按截面延伸轨迹分为：

直位花线（ZH）：延伸轨迹为直线的花线。

弯位花线（WA）：延伸轨迹为曲线的花线。

按表面加工程度分为：

镜面花线（代号为J）：表面具有镜面光泽的花线。

细面花线（代号为X）：表面光滑的花线。

粗面花线（代号为C）：表面粗糙、经烧面或剁斧而成的花线。

② 等级

花线按加工质量分为优等品（代号A）、一等品（代号为B）、合格品（代号为C）三个等级。

（2）技术要求

① 尺寸极限偏差

直位花线规格尺寸极限偏差应符合表3.23的规定，整批或同类拼接直位花线截面形状应一致，其吻合度应不大于表3.24的规定。装饰面与两端面角度极限偏差和弯位花线尺寸极限偏差由供需双方商定。

② 形状公差

直位花线线条应平直，无弯曲现象，其直线度和线轮廓度公差应符合表3.25的规定。弯位花线形状公差由供需双方商定。

表 3.23　直位花线规格尺寸极限偏差要求
mm

项　目	细面和镜面花线			粗面花线		
	优等品	一等品	合格品	优等品	一等品	合格品
长度	0 −1.5		0 −3.0	0 −3.0		0 −4.0
宽度（高度）	+1.0 −2.0		+1.0 −3.0	+1.0 −3.0		+1.5 −4.0
厚度	+1.0 −2.0		+2.0 −3.0	+2.0 −3.0		+2.0 −4.0

表 3.24　花线吻合度要求
mm

项　目	细面和镜面花线			粗面花线		
	优等品	一等品	合格品	优等品	一等品	合格品
吻合度	0.5	1.0	1.5	1.0	1.5	2.0

表 3.25　直位花线直线度和线轮廓度公差要求
mm

项　目	细面和镜面花线			粗面花线		
	优等品	一等品	合格品	优等品	一等品	合格品
直线度，每米	1.0	1.0	1.5	1.5	2.0	2.5
线轮廓度		1.5	2.0			3.5

③ 外观质量

同一装饰部位、同套拼接花线颜色花纹应基本调和，过渡自然。如无特殊要求，纹路宜顺长度方向。抛光面应平整光滑，手摸无明显凸凹感。花线允许粘结修补，但不应影响其装饰质量和物理力学性能。

大理石花线光面外观缺陷应不超过表 3.26 的规定，花岗石花线光面外观缺陷应不超过表 3.27 的规定，花线光泽度由供需双方商定。

表 3.26　大理石花线外观缺陷要求

缺陷名称	优等品	一等品	合格品
裂纹	不明显		有，但不影响使用
砂眼			经处理不明显
凹陷			有，但不影响使用
正面棱缺陷，长≤5mm，宽≤1mm			有，但不影响使用
正面角缺陷，长≤2mm，宽≤2mm			

表 3.27　花岗石花线外观缺陷要求

缺陷名称	规定内容	优等品	一等品	合格品
缺棱	长度不超过 5mm（小于 2mm 的不计），每米长（个）	2		3
缺角	面积不超过 3mm×2mm（面积小于 1mm×1mm 不计），每米长（个）			
裂纹	长度不超过单件总长度的 1/10（长度<5mm 的不计），每米长（条）			
色斑	面积不超过 5mm×5mm（小于 2mm×2mm 不计），每米长（个）			
色线	长度不超过单件总长度的 1/10（长度<5mm 的不计），每米长（条）			

④ 物理力学性能

花线物理力学性能应符合表 3.28 的规定。

表 3.28　花线物理性能技术要求

项　目	大理石	花岗石
体积密度（g/cm³）≥	2.6	2.5
吸水率（%）≤	0.75	1.0
干燥压缩强度（MPa）≥	20.0	60.0
弯曲强度（MPa）≥	7.0	8.0

2. 实心柱体

（1）分类和等级

① 分类

石材实心柱体（olid post stone）按所用石材种类分为大理石实心柱体（代号为 M）和花岗石实心柱体（代号为 G）。

按柱体的造型分为普型柱（代号为 P）和雕刻柱（代号为 D），按柱体的外形特征分为等直径柱（代号为 D）和变直径柱（代号为 B）。

等直径普型柱（PD）：表面为普通加工面、截面直径相同的石材柱体。

等直径雕刻柱（DD）：表面刻有花纹或造型、截面直径相同的石材柱体。

变直径普型柱（PB）：表面为普通加工面、截面直径不同的石材柱体。

变直径雕刻柱（DB）：表面刻有花纹或造型截面、直径不同的石材柱体。

② 等级

实心柱体按加工质量分为优等品（代号为 A）、一等品（代号为 B）、合格品（代号为 C）三个等级。

（2）技术要求

① 尺寸极限偏差

PD 型实心柱体直径和高度极限偏差应符合表 3.29 的规定，其他型式实心柱体尺寸极限偏差由供需双方商定。

表 3.29　等直径普型柱的直径和高度极限偏差要求　　　　　　　　mm

项　目		优等品	一等品	合格品
直径	$\phi \leqslant 100$	1.0	1.5	2.0
	$100 < \phi \leqslant 300$	2.0	3.0	4.0
	$300 < \phi \leqslant 1000$	3.0	4.0	5.0
	$\phi > 1000$	4.0	5.0	6.0
高度	$H \leqslant 1500$	2.0	3.0	4.0
	$1500 < H \leqslant 3000$	3.0	4.0	5.0
	$H > 3000$	4.0	5.0	6.0

② 形状公差

PD 型实心柱体加工面素线直线度公差为优等品 0.5mm/m；一等品 1.0 mm/m；合格品 2.0 mm/m。PD 型实心柱体的上下两端面如与柱头、柱座等对接安装，则其外缘平面度公差为优等品 0.5mm；一等品 1.0 mm；合格品 2.0 mm。PD 型实心柱体的上下两端面与圆柱面的垂直度公差为优等品 0.5mm；一等品 1.0 mm；合格品 1.5 mm。其他型式实心柱体形状公差由供需双方商定。

③ 外观质量

整条柱体色调应基本一致，过渡自然，纹路应顺高度方向。根据安装位置，相邻同材料的柱体颜色、纹路应基本协调。实心柱体抛光面的外观缺陷应不超过花岗石和大理石板材的规定。实心柱体允许粘结修补，但不应影响产品的装饰质量和物理力学性能。实心柱体抛光面的光泽度由供需双方商定。

④ 物理力学性能

实心柱体的物理力学性能应符合表 3.30 的规定。

表 3.30　实心柱体的物理力学性能要求

项　　目	大理石	花岗石
体积密度（g/cm³）≥	2.6	2.5
吸水率（％）≤	0.75	1.00
干燥压缩强度（MPa）≥	20.0	60.0
弯曲强度（MPa）≥	7.0	8.0

3.5　复合石材

1. 产品分类和常用规格

（1）按基材类型分类

石材-硬质基材复合板主要有以下三类：

① 石材-瓷砖复合板（代号为 S－CZ）；

② 石材-石材复合板（代号为 S－SC）；

③ 石材-玻璃复合板（代号为 S－BL）。

石材-柔质基材复合板主要有以下三类：

① 石材-铝蜂窝复合板（代号为 S－LF）；

② 石材-铝塑板复合板（代号为 S－LS）；

③ 石材-保温材料复合板（代号为 S－BW）。

（2）按形状分类

类似天然石材板材，主要有以下三种：

① 普型板（代号为 PX）；

② 圆弧板（代号为 HM）；

③ 异型板（代号为 YX）。

（3）按面材表面加工程度分类

主要分为以下三类：

① 镜面板（代号为 JM）：面材为镜面板的复合板；

② 细面板（代号为 XM）：面材为细面板的复合板；

③ 粗面板（代号为 CM）：面材为粗面板的复合板。

（4）常用规格

规格板的尺寸系列如表 3.31 所示，圆弧板、异型板和特殊要求的普型板规格尺寸由供需双方协商确定。

表 3.31　规格板尺寸系列　　　　　　　　　　　　　　　　　　　mm

边长系列	300^a、400、600^a、800、900、1200、1600

a　常用规格。

2. 主要石材复合板性能和特点

（1）石材-陶瓷复合板

石材-陶瓷复合板以名贵的进口大理石为面材，以陶瓷通体砖为基材，各项性能稳定。是主要的批量生产产品，形成了规格化的大批量生产规模，可直接进入建材超市，供消费者直接选用，目前以出口为主，国内用量逐步在增加。石材-陶瓷复合板集石材的天然装饰效果和瓷砖方便安装等优点，得到了广泛的应用，适合于百姓家居和卫生间等快速安装。

（2）石材-石材复合板

石材-石材复合板以名贵或资源趋于枯竭的石材为面材，与各项性能相近且价格低廉的国产花岗石或大理石复合，产品质量一般比较稳定。适合于各类建筑装饰工程中所选石材从供货或经济性方面不能满足工程需要的替代产品。用于墙地面等不同部位和用途时，应该指定石材面材厚度，以保证使用寿命。

（3）石材-玻璃复合板

石材-玻璃复合板以玻璃为基材，与超薄石材进行复合而成的板材，具有透光性能，用在特殊的发光墙面和柱面。产品容易出现渗胶变黄等缺陷。

（4）石材-铝蜂窝复合板

石材-铝蜂窝复合板以超薄石材为面材，铝板或不锈钢板中间夹铝蜂窝板为基材，复合成的装饰板。最大特点是质量轻，并有弯曲弹性变形，适合在高层建筑和重量方面有要求的装饰工程。缺点是抗压缩方面能力弱，不适合使用在地面。在不同的温差下板材会出现平整度方面的变化。

3. 技术要求

（1）一般规定

复合板面材应按照用途进行表面化学处理并在出厂时予以注明，主要是要求涂刷防护剂，便于日后重刷时选用同种类型的防护剂。复合板基材同时应符合相应产品标准的规定，例如通体陶瓷板应符合陶瓷标准的规定。复合板使用的胶粘剂应符合 GB 24264 的有关规定，以提高粘结强度，增强使用寿命。

（2）加工质量

普型板规格尺寸允许偏差应符合表 3.32 的规定。圆弧板壁厚最小值应不小于 20mm，规格尺寸允许偏差应符合表 3.33 规定。异型板规格尺寸允许偏差由供需双方协商确定。

表 3.32　普型板规格尺寸允许偏差　　　　　　　　　　mm

项　　　目	镜面和细面板材	粗面板材
长、宽度	0 −1.0	0 −1.0
总厚度	+1.0 −1.0	+1.5 −1.0

表 3.33　圆弧板规格尺寸允许偏差　　　　　　　　　　mm

项　　　目	镜面和细面板材	粗面板材
弦长	0	0
高度	−1.0	−1.5

墙面用复合板面材厚度应不小于 1.5mm 且不大于 5.0mm，允许偏差为 −0.5～+0.5mm；地面用复合板面材厚度应不小于 3.0mm，允许偏差为 0～+1.0mm。特殊用途复合板面材最小厚度允许偏差由供需双方协商确定。

普型板平面度允许公差应符合表 3.34 规定，圆弧板直线度与线轮廓度允许公差应符合表 3.35 规定，异型板平面度允许公差由供需双方协商确定。

表 3.34　普型板平面度允许公差　　　　　　　　　　mm

板材长度	镜面和细面板材	粗面板材
≤400	0.50	0.60
>400～≤800	0.80	0.90
>800	1.00	1.10

表 3.35　圆弧板直线度与线轮廓度允许公差　　　　　　　　　　mm

板材长度		镜面和细面板材	粗面板材
直线度 （按板材高度）	≤600	1.10	1.20
	>600	1.30	1.40
线轮廓度		1.20	1.40

普型板角度允许公差应符合表 3.36 规定，圆弧板端面角度允许公差应符合表 3.37 的规定。普型板拼缝板材正面与侧面的夹角不得大于 90°，圆弧板侧面角应不小于 90°，异型板各角度允许公差由供需双方协商确定。

表 3.36　普型板角度允许公差　　　　　　　　　　mm

板材长度	镜面和细面板材	粗面板材
≤400	0.80	0.90
>400	1.00	1.00

表 3.37　圆弧板端面角度允许公差　　　　　　　　　　mm

镜面和细面板	粗面板
0.80	1.00

（3）外观质量

面材外观质量应按照石材的种类分别符合 GB/T 18601、GB/T 19766—2005、GB/T 23452、GB/T 23453 中外观质量的规定，基材外观应保持干净整洁，无明显的缺棱、掉角等缺陷。

（4）镜向光泽度

面材为天然花岗石的复合板镜向光泽度应不低于 80 光泽单位，面材为天然大理石的复合板镜向光泽度应不低于 70 光泽单位，面材为其他种类的石材或面材有特殊要求的复合板，镜向光泽度由供需双方协商确定。

（5）面密度

需要时企业应明示产品的面密度值。

（6）稳定性

柔质基材复合板稳定性技术指标应符合表 3.38 的规定。

表 3.38　柔质基材复合板稳定性技术指标　　　　　　mm

板材长度	普型板		圆弧板	
	镜面和细面板材	粗面板材	镜面和细面板材	粗面板材
≤600	0.80	1.00	1.20	1.40
>600	1.20	1.40	1.40	1.60

（7）物理性能

硬质基材复合板物理性能技术指标应符合表 3.39 的规定，柔质基材复合板物理性能技术指标应符合表 3.40 的规定。

表 3.39　硬质基材复合板物理性能技术指标

序号	项　　目		技术指标
1	抗折强度（MPa）≥	干燥	7.0
		水饱和	7.0
2	弹性模量（GPa）≥	干燥	10.0
3	剪切强度（MPa）≥	标准状态	4.0
		热处理80℃（168h）	4.0
		浸水后（168h）	3.2
		冻融循环[a]（50次）	2.8
		耐酸性[a]（28d）	2.8
4	落球冲击强度（300mm）		表面不得出现裂纹、凹陷、掉角
5	耐磨性（1/cm³）≥		8（面材为天然砂岩） 10（面材为天然大理石、天然石灰石） 25（面材为天然花岗石）

a　外墙用检验项目。

表 3.40　柔质基材复合板物理性能技术指标

序号	项　目		技术指标
1	抗折强度（MPa）≥	干燥	7.0（面材向下）
			18.0（面材向上）
2	弹性模量（GPa）≥	干燥	1.5（面材向下）
			3.0（面材向上）
3	粘结强度（MPa）≥	标准状态	1.0
		热处理80℃（168h）	1.0
		浸水后（168h）	0.8
		冻融循环[a]（50次）	0.7
		耐酸性[a]（28d）	0.7
4	落球冲击强度（300mm）		表面不得出现裂纹、凹陷、掉角
5	耐磨性（1/cm³）　　　　≥		8（面材为天然砂岩）
			10（面材为天然大理石、天然石灰石）
			25（面材为天然花岗石）

a　外墙用检验项目。

3.6　石雕石刻

1. 分类和等级

（1）分类

按照雕刻材质分为：

① 花岗石雕刻（代号为 G）：以花岗石为材料的产品。

② 大理石雕刻（代号为 M）：以大理石为材料的产品。

③ 石灰石雕刻（代号为 L）：以石灰石为材料的产品。

④ 砂岩雕刻（代号为 Q）：以砂岩为材料的产品。

⑤ 其他材质雕刻（代号为 T）：未列入商业分类的其他岩石为原料的产品。

按照表面效果分为：

① 光面雕刻（代号为 J）：饰面光滑，具有光泽的产品。

② 细面雕刻（代号为 Y）：饰面细腻，无光泽的产品，如机切面、磨砂面等。

③ 麻面雕刻（代号为 M）：饰面粗糙的产品，如剁斧面、砂粒面、荔枝面、火烧面等。

④ 粗面雕刻（代号为 C）：饰面凹凸不平的产品，如劈开面、蘑菇面、菠萝面等。

按照雕刻形式分为：

① 圆雕（代号为 YD）：主要雕刻形式为圆雕的产品，可供各个方向观看的立体雕刻品。

② 浮雕（代号为 FD）：主要雕刻形式为浮雕的产品，图像造型凸于石料表面的雕刻品。

③ 沉雕（代号为 CD）：主要雕刻形式为沉雕的产品，图像造型凹于石料表面的雕刻品。

④ 影雕（代号为 SD）：主要雕刻形式为影雕的产品，在石料的光面上琢出大小、深浅、

疏密不同的微点，用不同色调、层次表现图像造型的雕刻品。

⑤ 透雕（代号为 TD）：主要雕刻形式为透雕的产品，在石料上利用镂空、穿透的手法制作的雕刻品。

（2）等级

按外形加工质量分为 A 级、B 级两个等级。

2. 技术要求

（1）一般要求

产品的几何形状和加工工艺应符合图样的要求，即经供需双方确认的式样或图纸，特殊要求由供需双方协商确定。雕刻产品的应用应符合相关安全要求，特殊要求需明示。

（2）规格尺寸

A 级产品规格尺寸的相对允许偏差应不超过 1.0%，B 级产品规格尺寸的相对允许偏差应不超过 2.0%，特殊要求由供需双方协商确定。

（3）外观质量

产品各部位的色调花纹应基本一致，特殊要求由供需双方协商确定。产品的外观缺陷应符合表 3.41 的规定。

表 3.41　外观缺陷技术要求

项　目	A 级	B 级
裂纹	主要部位不允许	允许，但不影响整体外观和安全性
色斑	主要部位不允许	允许，但不影响整体外观
色线	主要部位不允许	允许，但不影响整体外观
凹坑	主要部位不允许	允许，但经修整后不影响整体外观
棱角缺陷	主要部位不允许	允许，但经修整后不影响整体外观

产品为实现设计要求允许技术性粘结，并注明粘结部位和粘结块数。粘结使用的胶粘剂产品应符合 GB 24264 标准的要求。

（4）光泽度

光面产品的光泽度由供需双方协商确定。

（5）材质物理性能

产品材质的物理性能应按相应的种类分别符合表 3.42 的规定，特殊要求由供需双方协商确定。

表 3.42　材质物理性能技术指标

项　目		花岗石雕刻	大理石雕刻	石灰石雕刻	砂岩雕刻	其他材质雕刻
体积密度（g/cm³）≥		2.56	2.60	2.56	2.40	2.16
吸水率（%）≤		0.60	0.50	3.00	3.00	7.5
干燥	压缩强度（MPa） ≥	100	50	55	69	28
水饱和						
干燥	弯曲强度（MPa） ≥	8.0	7.0	6.9	6.9	3.4
水饱和						
抗冻系数（%）≥		80	80	80	80	80

（6）材质老化性能

室外使用产品材质的老化性能应符合表 3.43 规定，特殊要求由供需双方协商确定。

表 3.43　材质老化性能技术指标

项　目	指　标
耐紫外线老化性（600h）	外观质量无变化
耐酸性（28d）	相对质量变化≤0.5%，且外观质量无变化
耐盐雾老化性（60 次循环）	相对质量变化≤0.5%，且外观质量无变化

（7）材质放射性

花岗石材质产品的放射性分类应符合 GB 6566 的规定。

3.7　广场路面石

1. 术语定义和分类及等级

（1）定义

广场石（square slabs）：用来铺设在广场的天然石料，宽度一般大于厚度的两倍以上。

路面石（setts）：用来铺设在道路或人行道的天然石料。

路缘石（kerbs）：作为道路或人行道缘饰的天然石料，主要有直线路缘石和弯曲路缘石，直线路缘石长度一般大于 300mm，弯曲路缘石长度一般大于 500mm。

精细面（fine textured）：表面的凸起和洼陷高度差低于 0.5mm 的表面，例如磨光、打磨、金刚石锯或盘加工成的表面。

细面（honed）：表面的凸起和洼陷高度差在 0.5～2mm 的表面，如粗磨、砂锯加工成的表面。

粗面（coarse textured）：表面的凸起和洼陷高度差大于 2mm 的加工面，例如经敲、钻、凿等而形成的纹理面。

（2）分类

按照产品用途分为广场石、路面石和路缘石。

按照石材材质种类分为花岗石、大理石、石灰石、砂岩和板石。

（3）等级

按照尺寸偏差、外观质量分为 A 级和 B 级两个等级。

2. 技术要求

（1）规格尺寸

广场路面用天然石材的规格系列如表 3.44 所示，特殊要求由供需双方商定。

表 3.44　广场路面石规格尺寸　　　　　　　　　　mm

长度、宽度系列	150、200、300、400、500、600、700、800、900、1000、1200、1500、1800
边长系列（多边形）	50、100、150、200、250、300
厚（高）度系列	50、75、100、150、200、250、300、350、400

广场石的尺寸偏差应符合表 3.45 的规定，特殊要求由供需双方协商确定。

表 3.45　广场石尺寸偏差技术要求　　　　　　　　　　mm

项　目		技　术　要　求	
		A	B
长度、宽度偏差	≤700	±1	±2
	>700	±3	±5
端面为劈裂面时边长偏差		±5	±8
厚度偏差	≤60	±3	±4
	>60	±4	±5
平面度公差	长度≤500　细面或精细面	2.0	3.0
	长度≤500　粗面	4.0	5.0
	长度>500且≤1000　细面或精细面	3.0	4.0
	长度>500且≤1000　粗面	5.0	6.0
	长度>1000　细面或精细面	4.0	6.0
	长度>1000　粗面	6.0	8.0
对角线差	<700	3	5
	≥700	5	8

路面石的尺寸偏差应符合表 3.46 的规定，特殊要求由供需双方协商确定。

表 3.46　路面石尺寸偏差技术要求　　　　　　　　　　mm

项　目		技　术　要　求	
		A	B
长度、宽度（或边长）偏差	两个细面或精细面间	±3	±5
	细面或精细面与粗面间	±5	±8
	两个粗面间	±8	±10
厚度偏差	两个细面或精细面间	±5	±10
	细面或精细面与粗面间	±8	±15
	两个粗面间	±10	±20
表面平面度公差	细面或精细面	2.0	3.0
	粗面	3.0	5.0
端面垂直度公差	厚度≤60	2.0	5.0
	厚度>60	5.0	10.0

路缘石的尺寸偏差应符合表 3.47 的规定，特殊要求由供需双方协商确定，路缘石的常见截面形状如图 3.14 所示。

表 3.47　路缘石尺寸偏差技术要求　　　　　　　　　　　　mm

项　　目		技　术　要　求	
		A	B
长度、宽度偏差	两个细面或精细面间	±2	±3
	细面或精细面与粗面间	±4	±5
	两个粗面间	±8	±10
高度偏差	两个细面或精细面间	±5	±10
	细面或精细面与粗面间	±10	±15
	两个粗面间	±15	±20
斜面尺寸偏差[a]	精细面	±2	±5
	细面	±5	±5
	粗面	±10	±15
平面度公差[b]	细面或精细面	2.0	3.0
	粗面	5.0	6.0
垂直度公差		5.0	7.0

a　适用于带有斜面的路缘石；

b　适用于直线路缘石。

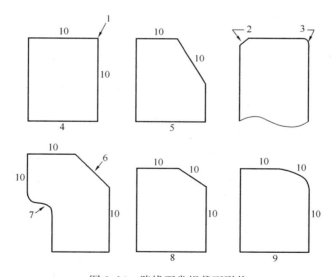

图 3.14　路缘石常规截面形状

1—实际加工中进行倒角或圆弧；2—倒角；3—圆弧；4—矩形（外形）；5—斜坡（外形）；

6—倒角或斜角；7—内注面；8—倒角或斜角（外形）；9—倒圆角（外形）；10—表面

广场路面石表面棱应进行倒角处理，倒角一般不超过 2.0mm，特殊要求由供需双方协商确定。

（2）外观质量

同一批石材应无明显色差，花纹应基本一致。外观缺陷应符合表 3.48 的要求。

表 3.48 外观缺陷技术要求

缺陷名称	规定内容	技术要求	
		A	B
缺棱	长度不超过 15mm，宽度不超过 5.0mm（长度小于 5mm，宽度小于 2.0mm 不计），周边每米长允许个数（个）	1	2
缺角	沿边长，长度≤15mm，宽度≤15mm（长度≤5mm，宽度≤5mm 不计），每块允许个数（个）		
裂纹	长度不超过两端顺延至边总长度的 1/10（长度小于 20mm 的不计），每块允许条数（条）		
色斑	面积不超过 20mm×30mm（面积小于 10mm×10mm 不计），每块允许个数（个）	2	3
色线	长度不超过两端顺延至边总长度的 1/10（长度小于 40mm 的不计），每块允许条数（条）		

（3）防滑性能

石材表面防滑系数应不小于 0.5。

3. 理化性能

广场路面石材质的物理性能应符合表 3.49 的规定。石材应按照用途进行表面化学处理，并在出厂时予以注明。

表 3.49 物理性能技术要求

项　　目		技 术 指 标				
岩矿		花岗石	大理石	石灰石	砂岩	板石
吸水率（%）≤		0.60	0.50	3.00	3.00	0.25
干燥	压缩强度 (MPa)≥	100.0	52.0	55.0	68.9	—
水饱和						
干燥	抗折强度 (MPa)≥	8.0	6.9	6.9	6.9	20.0
水饱和						
耐磨性（1/cm³）≥		25	10	10	8	8
抗冻性（%）≥		80				
坚固性（%）≤		0.5				

3.8 石材马赛克

1. 定义和分类

石材马赛克是指用于建筑装饰用的由多颗表面面积不大于 50cm² 石粒与背衬粘贴成联

的石材砖。背衬是指为了便于铺贴，粘贴在石材砖背面的板状、网状或其他类似形状的衬材。

石材马赛克按形状分为定型和非定型两种，定型马赛克是指每颗石粒均为规则形状的石材马赛克，非定型马赛克是指每联砖中石粒呈不规则形状的石材马赛克。

马赛克石粒边长均不大于 10cm，表面面积不大于 $50cm^2$；砖联分正方形、长方形和其他形状；特殊要求需要由供需双方协商确定。

2. 一般要求

石材马赛克中花岗石颗粒的放射性应符合 GB 6566 的规定，其他种类石材不对放射性进行要求。石材马赛克中使用的胶粘剂有害物质应符合 GB 18583 等有关标准的规定。

3. 技术要求

（1）尺寸偏差

定型石材马赛克的石粒长度、宽度、厚度尺寸偏差要求为±0.5mm。石材马赛克的线路（一联石材砖内石粒间的行间距和列间距）和联长（每联石材砖的边长）偏差为±1.0mm。

非定型石材马赛克石粒尺寸偏差和线路、联长的尺寸偏差由供需双方协商确定，并在图纸或合同中明示。

（2）外观质量

石材马赛克石粒正面不应有影响装饰效果的缺陷，同一色调石材马赛克联内及联间色差应基本一致。

（3）背衬的粘结性

石材马赛克与背衬经粘结性试验后，不应有石粒脱落。

（4）网格面积

背衬使用背网时，网格面积应为最小石粒底面面积的50%～75%。

3.9　人　造　石

1. 定义和分类

（1）定义

以高分子聚合物或水泥或两者混合物为粘合材料，以天然石材碎（粉）料和/或天然石英石（砂、粉）或氢氧化铝粉等为主要原材料，加入颜料及其他辅助剂，经搅拌混合、凝结固化等工序复合而成的材料，统称人造石，主要包括人造石实体面材、人造石石英石和人造石岗石等产品。

人造石实体面材：以甲基丙烯酸甲酯（MMA，俗称亚克力）或不饱和聚酯树脂（UPR）为基体，主要由氢氧化铝为填料，加入颜料及其他辅助剂，经浇铸成型或真空模塑或模压成型的人造石，学名为矿物填充型高分子复合材料，简称实体面材。该复合材料无孔均质；贯穿整个厚度的组成具有均一性；它们可以制成难以察觉接缝的连续表面，并可通过维护和翻新使产品表面回复如初。

人造石石英石：以天然石英石（砂、粉）、硅砂、尾矿渣等无机材料（其主要成分为二氧化硅）为主要原材料，以高分子聚合物或水泥或两者混合物为粘合材料制成的人造石，简称石英石或人造石英石，俗称石英微晶合成装饰板或人造硅晶石。

人造石岗石：以大理石、石灰石等的碎料、粉料为主要原材料，以高分子聚合物或水泥或两者混合物为粘合材料制成的人造石，简称岗石或人造大理石。

（2）分类

产品按主要原材料分为实体面材类、石英石类、岗石类。

实体面材类产品按基体树脂分两种类型：丙烯酸类和不饱和树脂类。

2. 性能特点与适用范围及选用原则

岗石产品可模仿天然石材的颜色特征，又避免了天然石材的色差和内部缺陷，可广泛地应用在室内墙地面的装饰。石英石具有很好的耐磨性，可调配出各种通体颜色，只是同一板内缺少花纹和颜色变化，目前多用于台面等用途。实体面材主要用在厨房和灶台的台面材料。

目前人造石产品的粘合材料主要为不饱和树脂胶，导致了产品对水、碱性物质、紫外线等敏感，容易造成产品出现开裂、变形、变色等问题，因此人造石产品的使用环境应尽量避免接触此类物质。

人造石是一种符合节能、节材和资源综合利用政策的具有广泛发展前景的新产品，保持了天然石材的品质，具有节省资源、造型美观、富丽、随意性强、无色差、强度高、质量轻、耐污染等优点，经过多年的发展和工艺的改进，已形成了多品种、多色彩、能模拟天然色彩的石材替代产品，适用于各种室内装饰用途。选用最基本的一条原则是施工和应用环境中不宜与水、碱性物质、紫外线等接触，避免不了的环境中则不宜使用人造石产品。

3. 主要技术要求

（1）实体面材

① 尺寸偏差

a. 长度、宽度偏差的允许值为规定尺寸的 0％～0.3％。厚度偏差的允许值为：大于6mm 的；不大于±0.3mm；不大于 6mm 的，不大于±0.2mm。其他产品的厚度偏差的允许值应不大于规定厚度的±3％。

b. 同一块板材对角线最大差值不大于 5mm。

c. Ⅰ、Ⅲ型平整度不大于 0.5mm，Ⅱ型平整度不大于 0.3mm，其他厚度产品的平整度公差的允许值应不大于规定厚度的 5％。

d. 板材边缘不直度不大于 1.5mm/m。

② 外观质量

板材外观质量应符合表 3.50 规定。

③ 巴氏硬度

实体面材 PMMA 类：A 级不小于 65，B 级不小于 60。

实体面材 UPR 类：A 级不小于 60，B 级不小于 55。

表 3.50 实体面材外观质量

项　目	要　求
色泽	色泽均匀一致，不得有明显色差
板边	板材四边平整，表面不得有缺棱掉角现象
花纹图案[a]	图案清晰、花纹明显；对花纹图案有特殊要求的，由供需双方商定
表面	光滑平整，无波纹、方料痕、刮痕、裂纹，不允许有气泡及大于 0.5mm 的杂质
拼接[b]	拼接不得有可察觉的接驳痕

a 仅适用于有花纹图案的产品；

b 仅适用于有拼接的产品。

④ 荷载变形和冲击韧性

Ⅰ、Ⅲ型实体面材最大残余挠度值不应超过 0.25mm，试验后表面不得有破裂；Ⅱ型板和Ⅳ型板中厚度小于 12mm 时不要求此性能。实体面材冲击韧性不小于 $4kJ/m^2$。

⑤ 落球冲击

450g 钢球，A 级品的冲击高度不低于 2000mm，B 级品的冲击高度不低于 1200mm，样品不破损。

⑥ 弯曲性能

弯曲强度不小于 40MPa，弯曲弹性模量不小于 6.5GPa。

⑦ 耐磨性

耐磨性不大于 0.6g。

⑧ 线性热膨胀系数

线性热膨胀系数不大于 $5.0 \times 10^{-5} ℃^{-1}$。

⑨ 色牢度与老化性能

试样与控制样品比较，不得呈现任何破裂、裂缝、气泡或表面质感变化。试样与控制样品间的色差不应超过 2CIE 单位。

⑩ 耐污染性

试样耐污值总和不大于 64，最大污迹深度不大于 0.12mm。

⑪ 耐燃烧性能

实体面材在与香烟接触过程中，或在此之后，不得有明火燃烧或阴燃。任何形式的损坏不得影响产品的使用性，并可通过研磨剂和抛光剂大致恢复至原状。实体面材的阻燃性能以氧指数评定，要求不小于 40。

⑫ 耐化学药品性

试样表面应无明显损伤，轻度损伤用 600 目砂纸轻擦即可除去，损伤程度应不影响板材的使用性，并易恢复至原状。

⑬ 耐热性

试样表面应无破裂、裂缝或起泡。任何变色采用研磨剂或抛光剂可除去并接近板材原状，并不影响板材的使用。仲裁时，修复后样品与试验前样品的色差不得大于 2CIE 单位。

⑭ 耐高温性能

试样表面应无破裂、裂缝或鼓泡等显著影响。表面缺陷易打磨恢复至原状，并不影响板材的使用。仲裁时，修复后样品与试验前样品的色差不得大于 2CIE 单位。

（2）石英石

① 尺寸偏差

a. 规格尺寸偏差如表 3.51 规定。

b. 角度公差如表 3.52 规定。

c. 平整度如表 3.53 规定。

d. 边长 1.2m 以内的规格产品，板材边缘不直度不大于 1.5mm/m；边长大于等于 1.2m 的产品，其板材边缘不直度由供需双方商定。

表 3.51　规格尺寸允许偏差　　　　　　　　　　　　　　　　　mm

项　　目	A　　级	B　　级
边长	0 −1.0	0 −1.5
厚度	+1.5 −1.5	+1.8 −1.8

表 3.52　角　度　公　差

板材长度 L （mm）	技术指标（mm/m）	
	A 级	B 级
L≤400	≤0.30	≤0.60
400<L≤800	≤0.40	≤0.80
L>800	≤0.50	≤0.90

表 3.53　平　整　度

板材长度 L （mm）	技术指标（mm/m）	
	A 级	B 级
L≤400	≤0.20	≤0.40
400<L≤800	≤0.50	≤0.70
800<L≤1200	≤0.70	≤0.90
L>1200	由供需双方商定	

② 外观质量

同一批产品的色调应基本调和，花纹应基本一致，不得有明显色差。板材正面的外观缺陷应符合表 3.54 的规定。

表 3.54　石英石板材正面外观缺陷

名称	规定内容	技术要求	
		A 级	B 级
缺棱	长度不超过 10mm，宽度不超过 1.2mm（长度小于 5mm，宽度小于 1mm 不计），周边每米长允许个数（个）	0	≤2（总数 或分数）
缺角	面积不超过 5mm×2mm（面积小于 2mm×2mm 不计），每块板允许个数（个）		
气孔	直径不大于 1.5mm（小于 0.3mm 的不计），板材正面每平方米允许个数（个）		
裂纹	板材正面不允许出现，但不包括填料中石粒（块）自身带来的裂纹和仿天然石裂纹；底面裂纹不能影响板材力学性能。		

注：板材允许修补，修补后不得影响板材的装饰质量和物理性能。

③ 莫氏硬度

莫氏硬度不小于 5。

④ 吸水率

吸水率应小于 0.2%。

⑤ 落球冲击

石英石用于台面时，450g 钢球，A 级品的冲击高度不低于 1200mm，B 级品的冲击高度不低于 800mm，样品不破损。

石英石用于墙、地面时，225g 钢球，1200mm 高度自由落下，样品不破损。

⑥ 弯曲性能

弯曲强度大于 35MPa。

⑦ 压缩强度

压缩强度不小于 150MPa。

⑧ 耐磨性

耐磨性不大于 $300mm^3$。

⑨ 线性热膨胀系数

线性热膨胀系数不大于 $3.5 \times 10^{-5} ℃^{-1}$。

⑩ 光泽度

石英石镜面板材镜向光泽度：高光板大于 70。其他光泽度要求由供需双方商定。

⑪ 放射性防护分类控制

放射性应符合 GB 6566 中 A 类的规定。

⑫ 耐污染性

当用做台面材料时，石英石耐污值总和不大于 64，最大污迹深度不大于 0.12mm；用于非台面材料的石英石，其耐污染性由供需双方商定。

⑬ 耐化学药品性

当用做台面材料时，石英石表面应无明显损伤，轻度损伤用 600 目砂纸轻擦即可除去，损伤程度应不影响板材的使用性，并易恢复至原状。用于非台面材料的石英石，其耐化学药品性由供需双方商定。

⑭ 耐热性

当用做台面材料时，石英石表面应无破裂、裂缝或起泡。任何变色采用研磨剂或抛光剂可除去并接近板材原状，并不影响板材的使用。仲裁时，修复后样品与试验前样品的色差不得大于 2CIE 单位。用于非台面材料的石英石，其耐加热性由供需双方商定。

⑮ 耐高温性能

当用做台面材料时，石英石表面应无破裂、裂缝或鼓泡等显著影响。表面缺陷易打磨恢复至原状，并不影响板材的使用。仲裁时，修复后样品与试验前样品的色差不得大于 2CIE 单位。用于非台面材料的石英石，其耐高温性能由供需双方商定。

（3）岗石

① 尺寸偏差

a. 规格尺寸偏差如表 3.55 规定。

b. 角度公差如表 3.56 规定。

c. 平整度如表 3.57 规定。

d. 边长 1.2m 以内的规格产品，边缘不直度不大于 1.5mm/m；边长不小于 1.2m 的产品，边缘不直度由供需双方商定。

表 3.55　规格尺寸允许偏差　　　　　　　　　　　　　mm

项　　目	A　　级	B　　级
边长	0 −1.0	0 −1.5
厚度	+1.5 −1.5	+1.8 −1.8

表 3.56　角度公差

板材长度 L （mm）	技术指标（mm/m）	
	A 级	B 级
L≤400	≤0.30	≤0.60
400<L≤800	≤0.40	≤0.80
L>800	≤0.50	≤0.90

表 3.57　平整度

板材长度 L （mm）	技术指标（mm/m）	
	A 级	B 级
L≤400	≤0.20	≤0.40
400<L≤800	≤0.50	≤0.70
800<L≤1200	≤0.70	≤0.90
L>1200	由供需双方商定	

② 外观质量

同一批产品的色调应基本调和，花纹应基本一致，不得有明显色差。板材正面的外观缺陷应符合表 3.58 的规定。

表 3.58　岗石板材正面外观缺陷

名称	规　定　内　容	技术要求	
		A 级	B 级
缺棱	长度不超过 10mm，宽度不超过 2mm（长度不大于 5mm，宽度不大于 1mm 不计），周边每米长允许个数（个）	0 （允许修补）	≤1
缺角	面积不超过 5mm×2mm（面积小于 2mm×2mm 不计），每块板允许个数（个）		≤2
气孔	最大直径不大于 1.5mm（小于 0.3mm 的不计），板材正面每平方米允许个数（个）		≤1
裂纹	不允许出现，但不包括填料中石粒（块）自身带来的裂纹和仿天然石裂纹		

注：大集料产品外观缺陷由供需双方确定。

③ 莫氏硬度

莫氏硬度不小于 3。

④ 吸水率

吸水率应小于 0.35%。

⑤ 落球冲击

225g 钢球，800mm 高度自由落下，岗石样品不破损。

⑥ 弯曲性能

弯曲强度不小于 15MPa。

⑦ 压缩强度

压缩强度大于 80MPa。

⑧ 耐磨性

耐磨性不大于 500mm^3。

⑨ 线性热膨胀系数

线性热膨胀系数不大于 4.0×10^{-5}℃$^{-1}$。

⑩ 光泽度

岗石镜面板材镜向光泽度：高光板＞70，40＜光板≤70 和 20＜光板≤40。其他光泽度要求由供需双方商定。

⑪ 放射性防护分类控制

放射性应符合 GB 6566 中 A 类的规定。

3.10 文 化 石

1. 定义和分类

（1）定义

该类产品主要以无机粘结剂作为粘结材料的合成石材，目前主要的产品有建筑装饰用仿自然面艺术石、艺术浇注石。

建筑装饰用仿自然面艺术石：是以硅酸盐水泥、轻质集料为主要原料经浇注成型的饰面装饰材料，可模仿大自然中各种图案和形状的装饰面，俗称文化石。

艺术浇注石：以水泥、石膏、树脂等无机和/或有机胶粘材料为成型材料，可添加适当集料、增强材料、色料等，经浇注成型，具有艺术装饰效果的产品。

（2）分类

文化石按照粘贴面分为：矩形的艺术石（代号为 Z）、其他形状艺术石（代号为 S）。按照产品表面效果、造型，分为多个系列，如上海古猿人石材有限公司的礁石系列、城堡石系列、火山石系列等，如图 3.15 所示（见彩插）。

艺术浇注石按产品的主要成型材料的材质分为水泥基产品（代号为 ACSC）、石膏基产品（代号为 ACSG）、树脂基产品（代号为 ACSR）；按产品的外形分为规格产品（代号为 C）、非规格产品（代号为 U）；按产品的使用环境分为：室外用产品（代号为 A）、室内用产品（代号为 B）；按产品使用部位分为 墙面、庭院和园林用产品（代号为 W）、地面用产品（代号为 G）。

2. 文化石来源和适用范围

（1）来源

20 世纪 50 年代，在美国，一直从事天然石材安装施工的 Mel 先生对每天搬运、安装、固定沉重的天然石的工作感到非常厌烦。他一直想如果有一天，可以有和天然石一样纹理但又非常轻的石头，那该有多好。于是他通过天然石制造一个模具，往模具内浇灌混凝土，等混凝土干了之后，做出来的"石头"也可以安装在墙面。经过了多次改良，最终利用水泥砂子等材料仿天然石制作了人造石，就是我们的文化石。

20 世纪 90 年代初，文化石的概念引入我国。文化石本身并不具有特定的文化内涵。但是文化石具有粗粝的质感、自然的形态，为建筑赋予更多的内涵，让建筑更有文化气息，提升建筑的质感。

（2）适用范围

文化石、文化砖根据产品表面效果、造型主要应用于别墅、园林、庭院、公寓、宾馆、高层、公建等，还适用于不同的风格，如地中海、英式、北美、意式、现代等多种建筑风格。

3. 主要技术要求

（1）建筑装饰用仿自然面艺术石

① 外观质量

装饰面的外观质量应符合表 3.59 规定。有特殊要求，由供需双方协商确定。

表 3.59　外观质量要求

缺陷名称	规　定　内　容	技术要求
气孔	直径不超过 2mm，每平方厘米允许个数（个）	2
缺损	长度不超过 15mm，宽度不超过 15mm 或面积不超过 180 mm²（长度小于 5mm，宽度小于 5mm 不计）单块饰面上允许个数	2
裂纹	每块板允许条数（条）	0

② 尺寸偏差

Z 类艺术石规格尺寸允许偏差应符合表 3.60 规定，拐角的角度偏差为 ±5°。有特殊要求，由供需双方协商确定。

表 3.60　规格尺寸允许偏差　　　　mm

项　目	技　术　指　标		
	≤300	300～600	＞600
长度	±5.0	±10.0	由供需双方协商确定
宽度	±4.0	±7.0	

③ 性能

各项性能技术指标应符合表 3.61 的规定。

表 3.61　理化性能技术要求

项　　目		技　术　指　标
体积密度（g/cm³）	≤	1.70
吸水率（%）	≤	7
压缩强度（MPa）	≥	15.0
弯曲强度（MPa）	≥	4.0
抗冻性（%）	≥	80
热稳定性		外观质量、颜色无变化
耐人工气候老化性		外观质量、颜色无变化

（2）艺术浇注石

艺术浇注石的主要技术性能参数如表 3.62 所示。

表 3.62　艺术浇注石的主要技术性能参数

项　　目		技　术　要　求		
		ACSC 类	ACSG 类	ACSR 类
体积密度（g/cm³）		符合标称值	符合标称值	符合标称值
吸水率（%）		≤16	≤10	≤2
抗冲击性		无破裂	无破裂	无破裂
耐碱性		外观无明显变化	外观无明显变化	外观无明显变化
耐污染性（级）		≥4	≥4	≥4
抗冻性[a]		无破坏	—	无破坏
耐人工气候老化性[a]		无破坏，粉化≤1级，变色≤1级	—	无破坏，粉化≤1级，变色≤1级
耐干湿循环性能		无破坏、无明显变色	—	无破坏、无明显变色
泛霜（级）		≥2	—	—
干燥收缩率（%）		≤0.090	—	≤0.010
热稳定性		—	—	无明显变化
抗折强度[b]（MPa）	标准状态	平均值≥3.5　最小值≥3.0	—	—
	抗冻性试验后[a]	平均值≥2.8	—	—
抗压强度[b]（MPa）	标准状态	平均值≥30.0　最小值≥25.0	—	—
	抗冻性试验后[a]	平均值≥24.0	—	—
耐磨性[b]（mm）		≤35	—	—
重复性		符合供需双方的商定		

a　室内用产品不要求；

b　非人行地面用产品不要求。

4. 特殊的施工工艺要点

（1）工艺简述

施工工艺是指以文化石（砖）铺贴为主的施工程序，包括施工准备、产品预铺、上墙铺贴、缝隙处理、养护与防护等。其中，上墙铺贴、缝隙处理及防护又涉及胶粘剂、填缝剂和防水剂的使用，因此除了文化石（砖）的施工工艺外，还包含了胶粘剂、填缝剂、防水剂的施工工艺。

（2）施工步骤

① 将墙面处理干净并做出粗糙的表面（如是塑料质、木质等低吸水性光滑面，需铺钢丝网或网格布，并做出粗糙底面），充分养生后再铺贴造文化石，并标水平线。

② 铺贴文化石之前务必先将文化石在平地上排列搭配出最佳效果后再按排列次序铺贴。

③ 粘贴：42.5级以上的白水泥（水泥、砂、粘结料），陶瓷粘结剂（请注意粘结剂的使用说明），高性能专用粘结剂均可作为文化石的粘结剂。

④ 将文化石的粘结面充分浸湿。

⑤ 在文化石底部中央涂抹粘结剂要堆起呈山形状（贴人造文化砖时，砖的底部可涂布薄层粘结剂），如不慎大面积弄脏表面需及时用软毛刷和清水清洗后使用。

⑥ 先贴转角石，依转角石水平线为基准贴平面石。缝隙相对均匀后，充分按压，使文化石周围可看见粘结剂挤出。

⑦ 如施工需要，可对文化石进行切割来调整。

⑧ 填缝隙时，注意把握深浅，缝隙越深产品的立体效果越强。

⑨ 填缝剂初凝后，用竹片等将多余的填缝剂料除去，用沾水的毛刷修理缝隙表面。

⑩ 人造文化石使用于室外时，铺贴好之后，先养生一周，待产品和填缝剂完全干燥后可喷涂防护剂进行防护处理（有助于防水、防冻、抗紫外线、防泛碱等特点）。

5. 文化石的升级产品

在仿自然面的基础上，文化石等产品逐步出现了仿天然石材系列产品，如上海古猿人石材有限公司的仿花岗石系列、洞石系列、砂岩系列、石灰石系列等，多选用优质无机生态材料、精选优质天然彩砂、优质无机颜料、轻集料（陶粒、玻化微珠）、玻璃纤维网格布抗裂材料，经过特制生产工艺精制成型，在市场上也称为生态石。其应用和安装可以采用天然石材的方法，比天然石材在花色、轻质、施工方面更具便利性。

4 石材的选择与设计

4.1 石材幕墙选材与设计

1. 综述

石材是天然装饰材料，使用者应适应石材的自然属性，深入了解其结构特征、物理力学性能及主要化学成分，以确定其适用范围，避免因选择性错误导致应用过程出现的各种问题。建筑装饰工程中石材主要应用在地面、墙面、柱面和台阶等的装饰上，以粘结法和干挂法两种安装方式为主，各有不同的侧重点，因此从设计开始就应有不同的考虑。

室内外墙面和柱面石材宜采用干挂法施工，可以有效地简化施工程序、提高安装效率、增强安全系数，特别是可以避免传统的水泥砂浆对石材造成的污染和粘结不牢现象的发生。当石材板材单件质量大于 40kg 或单块板材面积超过 1m² 或区域建筑高度在 3.5m 以上时，墙面和柱面石材安装应设计成干挂安装法。

石材应用过程中会出现很多意外的问题，有些是超出相关标准、规程一般范围且没有成功石材应用工程范例借鉴的设计项目，应组织由建筑师、结构工程师、石材专家、材料供货商等进行现场论证后确定。

2. 干挂石材的选择

建筑幕墙（室外）石材宜采用花岗石类石材，可采用坚固性好的大理石、中密度以上的石灰石、强度高的砂岩。采用疏松和带孔洞石材时，应有可靠的技术依据。一般而言，二氧化硅（SiO_2）含量高的石材如花岗石，有较高强度和耐酸性、耐久性适用于外墙；含氧化钙较高的石材，如石灰石、大理石，当空气潮湿并有二氧化硫时，容易受到腐蚀，适宜用做内墙，用做外墙时表面应做可靠的防护处理。

室外使用的镜面板材依据优质工程经验推荐的最小厚度：花岗石不低于 25mm，坚固性好的大理石、高密度石灰石以及洞石不低于 30mm，有纹理的砂岩和中密度石灰石不低于 50mm。建筑幕墙使用大理石或弯曲强度超过 8MPa 的其他石材（非花岗石、大理石类）时，板材厚度不低于 35mm；弯曲强度超过 4MPa 的其他石材，板材厚度不低于 40mm。室内使用的镜面石材最低厚度不得低于 20mm。粗面石材建筑板材的公称厚度在镜面板材厚度的基础上增加不少于 3mm。圆柱采用圆弧板拼接时每圈不得少于 3 拼，弧面半径较小时应增加拼接板数量。

当选用较大尺寸的板材时，在外力作用下的安全性，必须引起足够的重视。石材使用的环境（部位、场所）不同，对其物理性能和化学成分的要求也不相同。当建筑地点确定后，应确定其使用条件，如有无抗震要求、当地风力、施工季节、板材拼接后的应力是否过大、减小应力是通过缩小板块尺寸还是加大板的厚度等，再合理的确定石材所应满足的性能。内外墙用干挂石材对物理性能的要求如表 4.1 所示。

表 4.1　干挂石材使用场所与物理性能的关系

使用场所	体积密度	吸水率	压缩强度	抗冻系数	弯曲强度	弹性模量	热膨胀系数	抗冲击强度	耐磨度	硬度
外墙装饰	··	··	··	···	···	··	··	—	—	—
内墙装饰	··	·	·					···	—	—

注：1. —表示不重要；·表示不太重要；··表示重要；···表示很重要。
　　2. 选用时可依据其重要性，对石材性能要求适当调整。

外墙用的石材对化学成分也有一定要求，如氧化铁、硫化铁、炭质成分、无机盐及黏土等成分可造成泛黄、锈斑等问题，应对这些成分的含量提出要求，或加强对石材的防护处理。对致使热膨胀系数高、导热导电率高的物质含量，也应加以限制。

当某一花色品种的外饰面大型板材，虽强度较低，但其颜色、花纹为设计创意所追求，难以替代，在经济允许时，可采取在石材背面补强的办法，达到设计使用要求。通常补强的办法有两种，一是采用渗透性极强的树脂类化学分子注入石材结晶格子间隙补强（环氧树脂类适用于花岗石，聚酯树脂类适用于大理石），以增加石材的机械强度、表面硬度和修补板材缺陷；另一种是采用石材强力网（尼龙网或玻纤网）用胶粘剂贴于石材背面补强，提高石材的抗弯、抗拉强度，满足设计、使用的要求。特殊场合还可使用粘结角钢或石条作为增强筋。

石材规格尺寸应尽可能选用规格化板，有利于降低成本，提高出材率，节约资源。特殊需要时应采用适宜加工和安装的规格，尽可能采用相同规格、大小搭配规格和较少的规格型号，便于批量生产和安装更换。干挂石材中组合件各部位均应设置单独的挂件连接点。过于小的部件无法安装干挂件时应采用金属件和环氧型胶粘剂与相邻主件连接，不得单独采用结构胶粘结连接。干挂石材应做好表面、背面及侧面的防护，带有背网的石材背面不再进行防护。

3. 花色和工艺的选择

天然石材小块效果与饰面整体效果会有差异，有时差异会很大，故不能简单地根据单块样品的颜色、花纹来选定产品，应考虑大面积铺贴后的整体装饰效果，这通常需要借鉴既有工程的饰面效果。同一矿山生产出的石材，尽管从其建筑装饰效果上看没有什么不同，但由于开采时的矿层深度不同，其岩石生成条件不同，理化性质也可能有很大差异。因此设计时选定的石材，与施工到货的石材其理化性能、外观是否相近，需要封存样板。当批量订货很大时，即使是同一时期供货，也可能是从不同矿层上开采出来的性质有所不同的石材。更何况有的矿体不是整体形成的，而是球状、柱状等矿体，其里外的"天然性质"相差甚大。由此可知，当选用大块石材作外饰面时，建筑师必须了解石材，而要了解石材又必须先了解矿山，要从矿石荒料开始控制。

无论哪种天然石材，都会涉及色差问题。当一个品种铺装在面积较大的同一平面时应尤为注意。色差反应在具体的石材品种上程度是不同的，有的石材品种近千平米不会有问题，而有的品种几十平米也得不到保证（特别是某些红色花岗石）。这也是选择石材最初应考虑的问题。因此，矿山开采时，对荒料要排序编号，加工后石材供应商在出厂时也应对石材进行排序编号，石材到达工地安装时按照供应商提供的编号和码单顺序安装，这样石材即使有色差也会渐渐的过渡。整体上看不太明显。

天然石材的装饰效果，主要是通过色彩花纹及表面处理来表现的。严格讲，只有在同一矿床、同一矿层上开采的石材，其颜色、花纹等才是相近的，尽善尽美的石材是不存在的，色差和各种缺陷是不可避免的。建筑师从美学角度选择板材的颜色、花纹时，必须了解施工供货时的品种能否与设计选样时的相近。而在安装时，必须挑选或试铺，尽可能色调、花纹一致，或者就近安装，或者利用颜色的差异，使其逐次变化，或者构成图案。切忌杂乱无章，顺手牵来，胡乱铺砌。

用石材做外饰面时，有抛光、磨光、火烧、凿毛、剁斧、喷沙、仿古等不同工艺处理，使得同一种石材也呈现不同的装饰效果。近年来，随着工艺及技术不断改进，出现了各种不同的饰面形式，即使同一块板上也可做出不同的饰面，丰富了天然石材的表面装饰效果，也给设计提供了更大的范围。

4. 技术经济性比较

石材质量的评价内容包括颜色、花纹、光泽度、强度、结构构造、加工质量等。颜色和花纹是主要评价指标，决定石材市场价格。花岗石石材的品种，高、中、低档石材的划分没有严格的界限，主要以颜色和花纹确定。花色评价的原则是颜色鲜艳、流行或有特殊花纹（条纹）的等级较高，一般普通的等级较低。目前将花岗石及大理石花色的等级依次划分为：

花岗石：蓝色—绿色—黑色—纯白色—红色—黄色—紫黄—灰白色—灰色。

大理石：绿色—红色—米黄色—黑色—白色—灰色。

但以上划分并不是绝对的，任何一种花色由于其有特殊的花纹、纯净程度或当前是否流行等，都可能有名品产生，所以花色等级只能作为参考，不能作为优质的唯一标准。就目前世界各国或地区来说，普遍喜欢红色、黑色系列，蓝色、绿色系列产地不多，属罕见品种。以上品种目前均属高档花岗石石材，价格比一般花岗石浅色品种高出 1～2 倍以上。

中、低档难以区分，统称中低档石材较为合适。常见的品种以浅色为主，各地花岗石品种种类繁多，因此价格较低。大理石、石灰石的整体价格水平高于花岗石。随着建筑装饰追求崇尚自然的理念，纹理绚丽多彩、极富装饰性的砂岩，在装饰石材中受到重视。砂岩分海砂岩和泥砂岩两种，海砂岩的石材成分结构颗粒较粗，硬度较泥砂岩硬，空隙率比较大，较脆硬，作为石材工程，装饰装修用板的厚度大多为 15～20mm；主要品种有澳大利亚砂岩、西班牙砂岩；而泥砂岩比较细腻，硬度稍软于海砂岩，花纹变化奇特，如同自然界里树木年轮、木材花纹、山水画，是墙面石材的上好品种。砂岩因其内部构造空隙率大的特性，具有吸声、吸潮、防火、亚光的特性，适用于具有装饰和吸声要求的影剧院、体育馆、饭店等公共场所，甚至可省去吸声板和拉毛墙，是一种环保、绿色的建筑装饰材料。

5. 石材幕墙设计要素

（1）干挂安装方式

采用金属挂件和挂装系统将石材安装在室内外墙面和柱面的主要形式有：

① 石材通过挂件直接连接在主体结构上。

② 石材通过挂件连接在金属框架上或幕墙结构上，再附着在主体结构上。

③ 石材通过挂件连接在金属框架上或幕墙结构组成单元式幕墙，再安装在主体结构上。

　　石材挂件通常有侧面固定石材的短槽和通槽挂件，背面固定石材的背栓、锚栓和各种背卡式、背槽式挂件。挂件的尺寸和数量应通过分析和测试来确定。挂件通常要和与石材兼容的胶粘剂一起来使用，不宜单独使用胶粘剂来支撑石材。

　　使用锚栓固定石材时，锚栓与石材通常成 45°角，并且在同一块板上至少使用彼此反向的两个锚栓。背面挂件应最少嵌入石材厚度的 2/3，背面开孔的底部与石材表面距离不得小于 9.5mm。嵌入预制的混凝土墙面部分的金属件不得低于 64mm。挂件的数量应保证每个板上至少两个，使用标准的方法测试挂件或板材挠度分析确定需要的挂件数量。干挂设计一般使挂件承受垂直方向的重力载荷，用挂件固定拱形下端的石材时应特别注意，确保所有的挂件都张开并且有效地抵消垂直和横向的负载。

　　（2）干挂方式选择要素

　　在选择石材、挂装系统、支撑框架系统时应考虑如下要素：

　　① 选用的石材在相同环境条件下的实际工程范例；

　　② 不同的挂件和支撑框架系统在相同的环境条件下的工程范例；

　　③ 挂件与石材的接合经过安装和操作程序的性能表现；

　　④ 支撑结构、挂件与框架的连接以及框架与建筑结构的连接经微位移后性能和外观变化；

　　⑤ 石材按照标准试验方法得出的物理性能说明材料可能有结构的局限性，对应用比较重要的物理性能项目，以及测量这些性能和它们的可变性的试验方法；

　　⑥ 影响这种材料寿命的标准测试项目以外的其他理化性能，例如耐化学性、耐气候性、尺寸变化以及其他性能，需要由专业的实验室通过模拟实际条件测试获得数据来评价；

　　⑦ 工程的位置或形状导致了特殊的风载荷或地震载荷，或者石材要求比其他常规工程有更高的安全系数；

　　⑧ 挂件和支撑系统适应由风和地震运动、温度和弹性变形、伸缩和连接引起的建筑物尺寸变化；

　　⑨ 相邻的建筑单元如窗户、窗框、窗刷或其他幕墙以及墙的维护设备等对石材挂件、挂装和支撑系统的影响；

　　⑩ 挂件或支撑系统穿透了防水层，使内部潮气易于集结，或者穿透墙面的绝缘层和保温层；

　　⑪ 材料耐腐蚀和耐电化腐蚀性。

　　（3）干挂设计惯例

　　设计挂件和连接时应遵循下面惯例：

　　① 在满足安全要求的前提下选用最简单的连接；

　　② 使用尽量少的部件进行连接；

　　③ 在任何特殊的工程中使用尽可能少的挂件连接类型；

　　④ 连接可调以适应材料和建筑物的公差；

　　⑤ 石材或镶嵌系统的重量宜分配在不超过两个连接点上；

　　⑥ 挂件连接位置应满足施工要求；

　　⑦ 转接件宜紧靠石材或金属框架，避免截流幕墙空腔内潮气；

　　⑧ 摩擦连接应带平行于受力方向的孔槽，确定合适的螺钉、垫片、孔槽尺寸和螺钉安装程序。

（4）幕墙安全系数

应清楚所选材料的可变性并应有相应措施，选择适当的安全系数应用于石材、挂件和支撑系统的设计。表4.2列出了不同类型石材幕墙通常可接受的安全系数。当工程中使用了厚度在50mm或更厚的沉积岩类石材，并且按照GB/T 9966.3的试验方法进行的工程检验，则安全系数最大有20%的变化范围。

表4.2　不同类型石材幕墙推荐的安全系数

石材类型	安全系数	规　范
花岗石	3	JC 830
石灰石	6	JC 830
大理石	5	JC 830
洞石	8	JC 830
砂岩	6	JC 830

如果设计的石材、挂件和支撑系统的耐久性无法通过优质工程范例进行验证，则安全系数可以被修正。由有实际经验的石材专家论证后对安全系数进行适当的调整。如果工程中存在特殊的条件，安全系数可以在表4.2的基础上被修正，但需由专家论证。特殊条件是：

①　待定材料力学测试结果更加表明可变性；

②　工程设计使用寿命超过25年；

③　石材随着时间的推移丧失了主要的承载力；

④　在挂件的基础上设计石材；

⑤　挂件性能测试结果表现出了不确定性；

⑥　不检查挂件在最终的建筑物安装位置；

⑦　挂件要求各式各样的安装方法和不同的安装位置；

⑧　石材板材使用在高风险的位置，例如腹面、悬垂、垫块、竖起来的组合件或者其他类似位置。

4.2　室内装饰选材与设计

1. 综述

为了得到一个良好的石材装修效果，除了合格的产品和正确的安装外，特别应注重石材装饰工程的设计和各种相关材料的选择，重视各种石材品种及其适用范围和安装工艺、做法的选择，避免因石材天然特性引发工程相关问题。

室内建筑装饰工程中石材主要应用在地面、墙面、柱面和台阶等的装饰上，地面、台阶石材安装以水泥基胶粘剂粘贴法为主，墙面和柱面石材则以干挂法安装为主。室内干挂安装时材料的选择和设计可参考4.1的内容，墙面石材采用水泥砂浆粘贴法施工时，应根据实际需要和胶粘剂的性能综合考虑安全性问题，必要时采用金属丝捆绑或斜插成对相互反向的钢销加固，尤其是较高位置时更应引起重视。地面和台阶的石材安装适合采用粘结法施工，板石在墙面和地面施工时均应采用粘结法。

2. 石材的选择

应了解各种石材特性和适用范围,各种加工工艺应用的场合,结合工程实际用量,从石材荒料开始选择。工程用量不大或无法从荒料开始时,应从毛光板选择开始。每个工程应以实物样板作为标准封样,供工程各方参考和鉴定。

选择石材品种及胶粘剂时应考虑石材的稳定性,石材变形和胶粘剂种类之间的关系参考表 4.3。选择石材品种时应考虑石材的坚固性,比较易碎的石材,则在铺装前和铺装过程中都要对它们进行进一步的增强加工。

表 4.3 石材变形和胶粘剂种类之间的关系

类 别	A 类	B 类	C 类
变形(在规定条件下 6h 之内)	<0.3mm	0.3~0.6mm	>0.6mm
相应的胶粘剂	标准粘结剂	快干和高粘结力粘结剂	无水反应型树脂粘结剂

选择的天然石材产品除要符合相关产品标准外,在地面设计时应考虑表 4.4 的各种因素。

表 4.4 地面石材设计考虑因素

项 目	要 求	试验参照标准
材质一致性	石材的花纹、色调、纹理图案、质地结构的天然变化必须要考虑,避免实际供货造成的明显色差	GB/T 19766 GB/T 18601
通行状况	轻负重指低密度的人行走通行,例如在家庭和办公室;重负重区域指那些高密度人行走通行的地方以及有重负荷出现的地方,如工业区和商业区	
耐磨性	花岗石的耐磨度高,因此在地面使用上,选择石材只限于选择硬度高的大理石和花岗石。选择地面石材时最小耐磨度宜为:公共场所(如客厅、楼梯和门口、商场和大型快运系统车站)为 10~12;行走少的住宅场所为 8。为了预防不均衡的磨损,如果同时使用不同的石材,它们之间的耐磨度差不能大于 5	GB/T 19766
防滑性	石材地面防滑要求应符合 JC/T 1050《地面石材防滑性能等级划分及试验方法》的规定,防滑系数符合相关要求。石材应根据使用场合和不同要求选择不同的表面工艺达到防滑规定,镜面、亚光面、细面板材若达不到防滑要求时,应采取防滑材料进行必要的处理,以达到规定的要求	JC/T 1050
厚度	石材板材必须有充分的厚度才能承受住行走和冲击带来的负重。地面天然石材的最小设计厚度为 20mm,墙面湿贴天然石材的最小设计厚度为 10mm。同一品种的石材因为厚度不同带来施工难度也会出现色调的差别,因此同一装饰面宜采取同样的厚度	GB/T 19766 GB/T 18601

续表

项　目	要　　求	试验参照标准
化学稳定性	避免使用含不稳定矿物的石材，以免影响石材的使用寿命，出现污染和病害。必要时进行岩矿鉴定和成分分析，以便确定潜在的不稳定的矿物，如云母和黄铁矿等	—
横向变形	在柔韧性基面上，需要考虑横向变形能力，弯曲弹性模量	—
耐久性	暴露于高湿地方，如浴室、室外和地面的石材必须在盐结晶破坏和风化方面评估他们的耐久性	—
放射性	放射性核素含量较高的石材，不宜大面积用在室内	GB 6566
供货企业	企业的石材供应组织能力、统筹使用能力、加工能力，产品加工质量和服务质量能满足工程需要	—

3. 粘结材料

粘结层材料分为胶粘剂和砂浆，即粘结层和抹平打底层。

（1）胶粘剂

石材胶粘剂应选用专用的胶粘剂。使用普通水泥砂浆直接粘贴石材，除了粘结强度达不到要求外，还会污染石材，会导致石材使用一段时间后会发生脱落现象，还可能产生水斑、泛碱等污染现象。胶粘剂的种类以及选用原则的参考 GB/T 24264—2009《饰面石材用胶粘剂》和 JC/T 60001—2007《天然石材装饰工程技术规程》标准要求。

粘结剂的选择应考虑以下方面：

① 石材的种类。对潮湿敏感的石材，粘结剂就不能将潮湿释放给石材，应选择快干型或树脂基的材料。

② 基面类型。考虑地面和墙面的各种基面类型和它们的特性以及工程实际要求确定装修体系材料的选择。

③ 粘结剂的使用性能。晾置时间的要求要符合现场使用的需要，要考虑到现场条件和标准试验室之间的差别。

④ 粘结剂的粘结性能。现场条件和工艺之间最差结合时粘结强度应保证能满足要求，应考虑坚固性、耐久性以及水浸后和热老化后的粘结强度，墙面和地面以及不同用途时对粘结强度的要求。

粘结剂层的厚度一般限制在 2~6mm，随石材的尺寸大小而变化。粘结剂层的厚度也取决于基面的平坦性和石材厚度的一致性，以保证石材装饰面的平整。轻负重地面粘结层的选择也要取决于基础条件，重负荷区域，要充分保证粘结性以及地面是非常密实的。

（2）抹平打底层

地面基础条件不能使用分层的水泥-砂的砂浆。钢筋混凝土地面要求抹平，现场配料的抹平层厚度一般为 40mm，最低厚度不得低于 25mm；抹平层厚度在 50~75mm 时，应采用非氧化性网格增强。砖石墙体要求加固。钢筋混凝土墙体如果水平和垂直方向都能满足规定的条件，只需适当的底涂剂，就可直接粘贴石材。否则，就要求打底抹灰。特殊墙体应根据施工单位的推荐进行。现场配料打底的厚度应当不大于 20mm，否则要增加非氧化性加筋金属板条筛网，并在抹灰之前锚固进基面。

4. 填缝剂和接缝

（1）填缝剂

填缝剂选用水泥基填缝剂或反应型树脂填缝剂，米黄色大理石和白色石材地面建议采用反应型树脂填缝剂，避免出现黑缝影响外观。选择填缝剂应参考表 4.5 的技术要求。

表 4.5　填缝剂选择要求

项　目	要　求	试验标准
使用特性	清洁时间，服务时间，适用期	JC/T 1004
抗缩性	能够预防本身或者与石材之间破裂	JC/T 1004
耐磨性	能承受地面重负重通行的磨损	JC/T 1004
压缩强度	足够承载作用在其上的最大压力	JC/T 1004
吸水率	吸水率低易于清洁污迹	JC/T 1004
化学强度	特殊使用场所的耐化学性，如化工厂等	JC/T 1004
着色性	对石材的污染性能和相容性	—

现场配料填缝剂中的砂子应符合使用要求。对于窄缝和大理石类石材，可以使用无砂填缝剂。

（2）接缝

对于一般的花岗石和大理石镜面板材，可以设计 1.5mm 的窄接缝；对于质感粗或劈裂加工的石材，采用的最小接缝宽度为 6mm。墙地面湿贴石材不允许采用对接接缝，避免引起石材病变并导致石材的剥落。

在大面积连续性的范围内，或者在靠近建筑物构件之间（如砖墙和混凝土柱子）和不同的基面之间，应该考虑伸缩缝，提供适当的活动范围。接缝有以下两种形式：

① 在建造时和后来锯切形成的原位置接缝，被嵌条和背衬条填充，并且被适当的密封剂密封。

② 预制伸缩缝，在铺装石材之前被安装好。

接缝中的背衬条材料和所使用的密封剂是相容的，具有柔韧性和可压缩性，并且是不会被密封剂粘结的材料。密封剂应当能够适应伸缩量而不会降低接缝边缘的粘结性能，能够经受得住安装现场的正常环境条件，如憎水性和施工现场使用的紫外线灯光。溶剂型有机密封剂不能用于天然石材装修工程，避免油污污染。设计应当详细说明伸缩缝并指出在图纸上的位置和细节，以及具体规定。表 4.6 所示为一般伸缩缝的定位和它们专有接缝的适宜宽度。

表 4.6　伸缩缝的定位和接缝的适宜宽度

接缝的位置	最小接缝宽度
1. 结构性伸缩缝应贯穿抹平层/打底层、粘结剂和石材铺装层。如果基础结构上的接缝不是直的和不是平行的，或者它们的设计方案和石材板材的设计方案不吻合，应当求助于设计师进行现场指导	应满足结构性接缝要求
2. 石材区域受限制的地方，如与柱子、桁条、路缘和天花板衔接的地方	室内为 5mm 室外为 12mm
3. 在基面改变定线位的连接处，如在凹面墙的拐角处；或基面改变材料的地方，例如在常规黏土砖和各种混凝土砌块之间的改变处	
4. 在连续性宽大面积装修石材时，室内每 50m²、室外每 25m² 处，跨度的长度不得超过相应宽度的两倍	室内为 3~5mm 室外为 10~12mm

5. 防护

石材装修工程中，防护是对石材的正常保护措施，是防止水和有机物以及其他表面污染物进入石材造成各种损害的有效方法，天然石材宜采用中性石材防护剂。粘贴法施工尤其应重视石材的防护，应保证表面、底面和侧面有充分有效的防护处理。

石材的防护分为表面、侧面和底面六面防护。表面和侧面防护要求有较高的防水效果和防污能力；底面则要求较高的防碱性水能力，并且不得过多削弱粘结剂对石材的粘结性能。所用的石材防护剂应符合相关标准的要求。

在选择相关材料时应避免那些对石材有污染和损害的材料。经常水泡的地方在石材施工前应做好底层防水处理，防护剂应选用透气性好的材料，并且在实验的基础上选用。

4.3　大型公共区域选材与设计

1. 综述

天然石材目前应用最多的是一些大型公共区域，如机场、高铁车站、地铁车站、城市广场、道路和路缘，该类区域最大特点是面积大，负载重，使用寿命长，每天要承担大量的人流踩踏，有的还要承担载重车辆，还有的不仅需要很好的光泽效果，同时也要满足防滑的需要。由于天然石材成本低廉、色彩丰富、使用便捷、经久耐用等优点，近些年在这些方面得到广泛应用。另外全国的各大中小城市兴建了文化广场、公园、步行街以及城市道路改造，改善市容市貌，美化城市环境，越来越多地使用了天然石材。天然石材应用于城市广场、路面和路缘等装饰，体现了城市的现代文明，提高了使用寿命，同时由于大量代替混凝土制品等高耗能材料，间接地实现了行业节能降耗的要求。例如，北京的天安门广场是世界上最大的广场，从 1998 年开始全部更换为天然花岗石地面，不仅面貌焕然一新，而且多次承担了重大活动，其性能和功能得到了各方面的高度认可。石材块料质量的好坏对工程装饰效果有着直接的影响，同时对城市的整体形象至关重要。

我国石材行业的快速发展也带来了清洁生产和综合利用方面的问题，大量的矿山和生产废料需要消化处理。广场路面用石材块料的应用解决了这一难题，就近消化吸收这些废料，成为简便快捷又非常有意义的重大创新。行业加工技术的发展为这项造福后代的工程奠定了技术基础，可实现低成本、批量化、快速提供产品的现代化加工模式。石材块料应用于城市建设具有广泛的发展前途。

天然石材应用于城市广场、路面和路缘经历了一个逐步发展的过程，也取得了许多有价值的经验。最早是将普通建筑板材装饰在广场和路面，由于在厚度方面存在较大区别，许多石材在使用后出现断裂、脱落等问题，有的使用了镜面石材而导致下雨和下雪天地面严重湿滑，更有的将广场石厚度设计成 30cm 以上造成的资源浪费。更多的问题则是石材铺装以后发生的泛碱以及涂刷石材防护剂后出现的水迹等，给行业提出了不少的技术问题。

石材在大型公共场所的应用在国外也较普遍，特别是欧洲，百年以上的广场、道路和建筑均是采用天然石材。该类产品的加工和使用特点决定了一般是就地起材，因此在欧洲普遍使用的是石灰石和大理石，因当地的资源非常丰富。我国则是花岗石非常丰富，因此实际应用中主要以花岗石为主，多采用当地资源。花岗石耐酸耐碱耐风化，比大理石和石灰石更具耐久性。

2. 石材的选择

该类区域选材的最大问题是色差问题，因为连续的面积过大，很容易产生花纹、色调不一致或过渡不自然等色差等问题，因此应选用颜色和花纹稳定的石材品种，例如天安门广场选用的是山东的樱花红花岗石，北京地铁车站多选用福建 640 花岗石，广州新白云机场采用的是新疆的蓝宝花岗石。这类花岗石矿体储量大，颜色稳定，市场加工能力强，可以很好地满足工程需要。

该类区域大部分承担着超负荷的人流，例如地铁车站每天要经历几万人的踩踏磨损，对材料的耐磨性能要求很高。室外广场使用时要承受严寒和酷暑、风吹、日晒和雨淋，对材料的抗风化能力和耐久性要求高。因此一般选用花岗石类产品，避免大理石类产品的不耐磨、不耐风化和额外维护费用。采用花岗石产品时也会产生光泽度和防滑性能相矛盾的问题，光泽度过低，石材会失去镜面装饰效果，影响石材整体外观；光泽度过高又会导致防滑性能下降，影响人身安全。因此该类区域的花岗石光泽度一般控制在 50～70 光泽单位，有坡面的部位要做防滑处理；室外广场则不适合使用镜面石材，避免雨雪天气导致行人滑倒，可采用亚光面、仿古面、荔枝面等粗面石材。

大型公共区域石材的规格采用 600mm×600mm 的规格板最为经济，因为石材行业从荒料、加工设备、工具、磨料等方面讲，加工 600mm×600mm×20mm 的成本最低，这也是大量中小型石材企业集中加工的规格产品，市场竞争激烈，利润很薄。如果有特殊需要，可以按 300mm 的尺寸进行调整，如 900mm×600mm、900mm×900mm、1200mm×600mm；或者采用拆分的尺寸，如 700mm×600mm 和 800mm×600mm 是从 1500mm×600mm 拆分下来的规格。使用这样的规格可以有效地提高出材率，降低成本，否则会出现一块 800mm×800mm 的价格是 4 块 600mm×600mm 的价格现象，而且会浪费许多不可再生的资源。石材厚度应视品种物理性能指标和使用环境确定，经常能看到一些广场和台阶上的 20mm 厚的石材发生断裂现场，究其原因，首先是石材厚度过薄导致的。一些颗粒较大的花岗石弯曲强度不太高，仅仅能满足标准的最低要求，这类石材遇到空鼓或地基下陷，会被踩断，尤其是有车辆经过时更容易断裂。另外目前一些石材企业为了提高出材率，增加利润，将 20mm 厚的板材按标准合格品±2mm 的偏差下线加工成 18mm，虽然也符合标准要求，但其承载能力大大地下降了。更有甚者，20mm 的大板实际厚度只有 15mm，加上背网和胶层也不足 18mm，这在大理石、石灰石类石材的大板市场是普遍存在的现象。因此需要注意厚度问题，在一般性装饰场合，可以选择薄一点的石材，这样挑选花色的范围会大一些，也有利于减轻重量，降低成本；但是在大型公共区域的石材厚度，特别是经受大量人流、车流情况下，规格在 600mm×600mm 以上时，宜不小于 25mm，室外广场如有车辆行驶时，应在 50mm 以上。

特别提醒这类区域应该选择致密一些的石材品种，以减少水和碱性物质的侵蚀和影响，避免出现各种石材病变，影响外观质量。室外广场石材更是如此，且不宜涂刷石材防护剂，因为目前的防护剂产品仅能减缓水对石材的侵蚀，不能完全隔绝，石材防护剂不是防水材料，雨水会缓慢地从侧面和底面侵入，由于防护剂的影响，水很难短期内再出来，导致雨过天晴后石材会长时间呈水斑状态。此类环境可以选择深颜色、致密、吸水率低的石材品种，随着自然环境呈现干湿状态，且受底层碱性物质影响较小。

3. 安装工艺注意事项

大型公共区域的地面基本采用水泥砂浆粘贴法施工，基本施工工艺与传统的地面粘贴法施工类似，同时应注意以下三方面的问题：

（1）地基应做好防水处理

工程地点在地下水丰富的地区以及地面以下的公共区域，特别要注意这方面的问题。例如，北京南站的出站口地面，由于受到周围地下水的影响，地面基层未做好防水处理，导致锈石花岗石常年呈水斑状态，失去了石材地面应有的效果；还有部分北京地铁出站口地面，也受到周围环境的影响，地面防水处理不好时会将地下的水汽浸入到石材中，使石材呈现斑驳的水斑状态，特别是浅色石材会失去原有的效果和颜色。此类环境一定要在基层方面做好防水处理，不可仅仅依靠石材的防护剂来杜绝地下水对石材的侵蚀，因为石材防护剂只能起到辅助的防护作用，为了保证石材与水泥基胶粘剂有较好的粘结强度，石材底面型防护剂的防水效果有限，与防水材料有很大的区别。

（2）碱性区域的地面处理

有些广场和道路建在河滩等碱性物质发达的区域，在雨水的作用下，会泛出大量碱性物质，对石材有破坏作用，影响石材的装饰效果。广场路面石一般不使用防护剂等产品，在此类环境中会更容易遭受碱性物质的污染侵蚀，给石材工程带来诸多病变问题。此类环境应在基层材料上做文章，普通的打底层方法是不适用的，一定要保证碱性物质不会让雨水携带到处流动，同时选择适合的胶粘剂和填缝剂，有效地阻止水的侵入，使石材呈现自然的状态。

（3）基层应有足够的强度

基层一般包括打底层和找平层，根据工程的承载状况应对各层的强度有所要求，保证致密、硬底，否则出现变形空鼓等问题容易导致石材的断裂现象。此类工程石材要求采用双面粘贴方式，即石材背面和找平层均要涂刷胶粘剂，保证粘贴牢固，避免空鼓。厚度超过

100mm 的广场路面石，安装时对胶粘剂的要求较低，有的工程在找平层的上面直接铺装石材，靠石材本身的自重和平稳的地基以及嵌缝的作用稳固地固定，以达到安装目的，实现长久地使用，例如一些古镇的街道用石便是如此。

大型公共区域的施工面积较大，石材规格也较大，不仅要预留出足够的伸缩缝，同时对石材之间的接缝也应注意，不可采用无缝拼接，也不可使用水泥等凝固材料进行填缝，否则会出现拱起、翘曲等现象，特别是室外广场环境。室外大型广场的石材接缝一般为 5～10mm，接缝中的填充物应具有弹性，最简单的方法是填充细沙，便于清洁、更换。

5 石材加工工艺

5.1 板材加工工艺

1. 大板的生产

所有板材产品的第一个阶段产品是大板，是荒料产品经锯切形成的片状板材，厚度一般在 10～50mm 之间，板材未进行抛光的称为毛板，有一面抛光的称为毛光板。市场上所说的大板通常是指大理石、石灰石、砂岩类的毛光板，通常长度大于 1500mm，宽度不小于 1200mm，厚度在 20mm 以内，已经形成了一个很大的市场流通产品，有专门生产各种石材大板的企业，一扎扎地摆放在市场或车间，供客户挑选。大板还需要进一步加工，按规定尺寸裁切成规格板、异型板、台面板等，再进行其他方面的加工和护理后方可用于铺装。考虑到出材率的问题，市场上的大板一般在 15mm 左右，虽然在颜色和花纹方面挑选的余地会更大，但是仅适合一般性质的地面铺装，对于干挂墙面、大型公共地面、重载荷的地面等不适用这样的厚度。大板有一面是镜面，可以很好地表现出石材的自然颜色和纹理图案，进而体现出整体装修效果，便于用户直观地进行挑选。一扎大板一般是从一个荒料上锯切下来的，各片的颜色和花纹图案基本相同，表面板材的风格一般可代表一扎板材，但是也有例外的情况，挑选时也应注意抽验。

对于颜色和纹理图案独特的品种，大板抛光时采用两块板材相对面的抛光方式，让花纹呈现波浪式的跳动，更具魅力，如图 5.1 所示（见彩插）。这类石材在裁切成规格板时应编号，安装时按编号进行施工，以还原大板的自然颜色和图案，以 2 片大板或 4 片大板的形式安装，会形成独有的天然石材艺术。

大理石、石灰石类大板生产工艺过程如图 5.2 所示；花岗石、砂岩类石材一般不进行背网工艺，除非在干挂施工时有特殊的安全要求；面胶和磨抛工艺在砂岩生产过程中也不适用，保持砂岩亚光、质朴的效果；花岗石生产工艺多不采用面胶工艺，除非一些颗粒比较大的石种，磨抛过程中会产生鸡爪纹，面胶能有效地解决此类问题。不进行背网和面胶工艺的石材，也就不需要进行前后的干燥和固化工艺。

图 5.2 石材大板生产工艺流程示意图

选料是指根据各方面的要求选择适合的荒料的过程，如颜色、花纹图案、规格尺寸、外观缺陷等因素，需要综合协调与兼顾，避免因色差、大材小用等问题造成材料的浪费，以提高出材率等。整形是将荒料修整成适合加工的过程，一般是去掉一些无用的边角，表面整平，或者将大块分解成适合的小块，以减少工具无效的磨损，提高生产效率。

荒料锯切时，花岗石一般采用砂锯进行切割，大理石、石灰石、砂岩类石材一般采用排锯切割。荒料比较小或者生产小规格产品时，或者企业生产规模有限为了降低成本，会使用金刚石圆盘锯进行各种石材荒料的切割。高端的企业也有使用金刚石串珠绳锯切割荒料的，生产成本相对要高一些。几种荒料锯切设备中，金刚石圆盘锯生产成本低，但是单片圆锯片加工时石材的厚度控制不好，常出现一头厚一头薄的楔形板材，厚度均匀性差，目前多采用同轴安装大中小锯片组成的组合锯加工，可以有效地解决厚度不均匀问题。金刚石圆盘锯受到轴距的影响，可加工的石材规格受到限制，不适合加工宽度超过 1000mm 的毛板，因为这需要更大直径的锯片，直接导致生产成本上升、效率下降。金刚石圆锯片最通用的规格是直径 1.6m 的锯片，因此生产 600mm 宽度的毛板最为经济。目前也有采用组合锯双向切割的方法使圆盘锯切割高度翻倍，若能很好地控制精度，消除台阶面现象，可以有效地提高金刚石圆盘锯的应用领域，降低荒料加工陈本，提高生产效率。砂锯、排锯、圆盘锯、串珠绳锯如图 5.3 所示（见彩插）。

石材背网是指坚固性较差的大理石、石灰石等石材在加工的全过程中为了保证其有足够的强度适应生产、加工、运输、安装和使用而进行的背面粘结玻璃纤维网的加固工序。背胶工序的前期要进行板材干燥处理，保障胶粘剂与石材具有很好的粘结强度；背胶工序的后期要进行胶粘剂的快速固化，以进行下一道工序，提高生产效率。

一般性质的背网胶采用不饱和树脂胶粘剂，在石材施工阶段，考虑到带有胶粘剂的石材背网与水泥胶粘剂的粘结性问题，会将背网和胶铲掉，补刷石材防护剂后进行铺装施工。对于一些特殊的石材品种，因铲掉背网后造成石材板材碎裂现象，因此施工时需要保留石材背网，此时背网胶采用改性环氧树脂或水泥基胶粘剂。施工时需保留背网的石材，背面后期还需进行特殊的粘结工艺，如粘砂工艺，增强与水泥砂浆的粘结强度，否则施工后会出现空鼓等现象。用于干挂的石材，背网不会对石材施工造成影响，同时会增强板材的正面抗风压能力，减小因天然石材的各种缺陷造成的脱落风险，是提高石材幕墙安全性能的一道有效的安全措施，一般采用改性环氧树脂胶粘剂或改性聚氨酯类胶粘剂进行。不饱和树脂胶粘剂粘结的背网耐久性差，对水性物质、碱性物质、紫外线等外界因素很敏感，时间久了会造成脱落，因此不饱和树脂胶粘剂粘结的背网仅适用于短期的固定和增强，耐久性要求高的场合应采用改性环氧树脂胶粘剂或水泥基背网胶粘结背网。改性环氧树脂胶粘剂和水泥基背网胶等产品均有专业的生产企业生产，例如"靓石"、"爱迪"等优秀品牌，用户应根据石材用途合理选用。

粗磨工序在通常情况下，使用粗磨机即可满足加工要求，将表面整体打磨平整。在板材厚度偏差很大时可增加定厚加工工序，一般采用定厚机完成。面胶是将胶水从表面充分渗入板材内部，达到填充、粘结和增强的作用，弥补天然石材的一些缺陷。干燥是补胶前板材的准备工序，为去除板材内部水分、使胶液充分渗入板材的工艺过程；固化处理是在补胶工序之后，胶液充分渗入板材并凝固硬化的工艺过程。面胶工序对石材外观质量至关重要，尤其是有缺陷的大理石、酥松的石灰石和特殊要求的花岗石、洞石等，处理好能有效提高光泽度，增强外观镜面效果，但是处理不好会导致面胶后期脱落，影响外观质量，引起质量纠纷等。

磨抛是将石材粗糙表面变成光亮平滑、具有光泽表面的加工过程，分亚光和镜面磨抛加工。大板磨抛工序多采用连续磨抛机等自动化设备，配备不同的磨头，一般都能到达规定的光泽度和镜面效果，连续磨抛机如图 5.4 所示（见彩插）。

毛光板目前在国家标准中也专门有相应的规定，主要是在光泽度、厚度和平整度方面，按照相关规定进行检验后，整扎进行包装，立于山字形木架上，按编号入库。管理先进的企业，不仅记录每扎大板的荒料来源、编号和位置，还通过扫描或拍照记录每片板材的外观特征，实现完全电子化的商务，从计算机中即可进行挑选和调配等业务。

非光面大板生产工艺与毛光板类似，只是将磨抛工序更换为其他表面加工工序，表面加工类型主要有火烧面、菠萝面、荔枝面、劈裂面、机刨面、剁斧面、水喷面、仿古面、化学腐蚀面、喷砂面等，采用相应的工具或自动化设备，按照具体的工序和要求可以增减背网和面胶工序。

目前还有一些另类的工艺处理方法，主要是对花岗石进行的外观处理工艺：

电解处理，俗称电解板，实质上是对花岗石毛光板进行高温处理，加速老化，改变原有岩石的结构和颜色，达到颜色和花纹的改变或一致。例如将承德绿处理成黄金麻，不仅由绿色变成了金黄色，而且原有深浅不一的色差现象也会消失。使用电解板除了关注其外观质量外，特别应注意其强度的变化，因为高温处理后的石材有隐裂，弯曲强度、压缩强度会下降，使用在干挂工程中会影响安全，有必要增加相应的安全措施。

酸蚀处理，不同于大理石、石灰石的酸蚀面处理，对花岗石进行酸蚀处理能改变外观颜色，例如对含铁量高的浅色花岗石局部进行酸处理会出现黄锈斑，类似锈石的效果，将泛黄的浅色花岗石酸处理后会变白等，有的会借助高温处理工艺快速完成酸处理工艺。酸处理工艺对石材也是有负面影响的，工艺处理完成后一定要清洗干净，否则在应用后会出现一些外观质量问题。

染色处理，通常是将深浅不一的红色系列石材染成统一的红色石材，或将白色石材染成红色石材，一般借助矿物颜料和高温处理进行。还有的使用黑色的化工原料将芝麻黑类石材染成纯黑石材销售，此类石材长期出现脱色现象，化工原料对人体存在毒害作用。染色石材仅能完成表面一定厚度的渗透，板材中心还保留原有石材的颜色，从断裂面可辨认出。

2. 规格板材生产

规格板材是根据工程实际需要，将大板裁切成规定尺寸的板材，原则上规格板材是可以直接用于工程的施工和安装，在实际过程中还需要进行一些小范围的辅助工艺处理，如倒角、磨边、开槽、修补、防护等程序。板石石材加工比较特殊，不存在荒料锯切过程，从矿山剥离开采便形成了不同厚度的片状板材，再按要求裁切成规格板材。通常的规格板材生产目前主要存在三种类型：

（1）从大板加工规格板材

将大板（包括毛光板和非光面大板）切割成规格板或工程要求尺寸的板材，工艺过程如图 5.5 所示。大板一般选自市场或库存，根据颜色和花纹要求，选择适宜的规格和数量，以保证整体颜色和花纹的一致性，提高出材率。裁切一般采用红外线桥切机等设备，输入规格尺寸即可完成自动加工。红外线桥切机使用时设置好锯片厚度，特别注意锯片磨损情况和机台转换到位情况，每调整一次后及时测量板材的长宽尺寸和角度，及时发现偏差进行调整，避免出现批量超差现象。

规格板材按照装饰面进行排板，以达到整体颜色花纹一致或过度自然，有明显纹理图案的板材应追纹，即保留纹理图案的连续性或有规律地变化。面积过大的区域可以分成若干小区域进行排板，排板时注意保留相邻区域的一排板材作为参考。排板完成后在板材的侧面或背面记录排板位置编号。在条件允许的情况下，每个区域储备少量备用板材，以防运输损坏或工地破损时的补板，保证后补石材颜色花纹的统一。

图5.5　规格板（或工程板）非连续生产线工艺流程示意图

倒角、磨边和开槽孔等特殊加工需要依据图纸确定。倒角可以有效地预防磕棱碰角现象，减少边角缺陷的影响，通常情况下墙面石材会采用该工艺，地面石材一般不进行倒角。外露的边一般需要抛光，如台面板的侧面和墙面拼接石材的侧面，采用人工水磨的方法，有利于降低粉尘污染，提高镜面光泽效果。倒角和槽孔加工时设置专门的区域，对粉尘有回收处理设备，对噪声有相应的阻隔设施，人员佩戴相应的安全措施等。对于大理石、石灰石类规格板材，允许对缺陷进行粘结修补，但是对于断裂面或者拼接面要求采用环氧树脂胶粘剂，并且需要通体进行粘结，必要时增加金属连接件以增强安全性。此工序过程中使用的不饱和树脂胶粘剂（例如云石胶），仅适用快速定位和小型孔洞的修补，有承载功能的地方一定要使用环氧树脂胶粘剂。所有特殊加工工序如若破坏了背网层，则需要在破坏处补胶和背网。

规格板材在完成上述全部工艺过程后，需要进行清洁和干燥，达到所用石材防护剂涂刷前的要求。按防护剂的使用说明要求进行防护剂的涂刷，一般是六面涂刷 2 遍防护剂，间隔 1h，两次涂刷方向呈 90°角。带有背网的石材背面可不进行涂刷防护剂，只做其余五面的涂刷。地面铺贴石材的背面推荐使用地面型防护剂，以保证与水泥粘结剂具有良好的粘结效果，避免使用后出现粘结不牢和空鼓现象。防护后的石材选择在阴凉、干燥、通风的环境下进行养护规定时间，根据防护剂的要求一般在 24～48h，个别种类的防护剂养护期长达一周以上。养护期内石材不能接触水性、碱性、油性等各类污染物，也不能在太阳底下暴晒或淋雨。养护时石材可以单片平铺，需要码放时应竖向排列，且在板与板之间留有一定间隔。

规格板材养护结束后进行出厂检验，包括外观质量和加工质量方面的内容，检验完成后进行包装和入库。规格板和工程板包装一般采用木质包装箱，板与板之间垫胶垫，与木箱接触面垫泡沫板和防雨塑料，木箱最外层加钢带。记录每箱板材的箱号、产品名称、规格型号、数量、用户名称和使用部位等信息，标记于木箱明显部位。

（2）从荒料加工规格板材

工程需要 20mm 以上厚度时，市场上很少有满足要求的大板，因此需要从荒料直接切割成规格板或工程板，此时按照工程的具体要求挑选适合的荒料就非常重要。花岗石类工程板基本上是采用该类方式进行加工的，其主要的工艺流程如图 5.6 所示。大理石、石灰石类石材和特殊要求的花岗石加工时，需要按要求增加背网和面胶等工序过程。

（3）将荒料切割成石材规格薄板

该工艺过程主要批量化生产规格薄板，其中出口量最大的是 305mm×305mm×10mm

的规格板。其工艺流程基本符合图5.6，其中锯切过程采用的是相同直径的组合锯片，磨边采用的是自动化生产设备，生产效率非常高，只是国内市场目前应用的比较少。随着石材营销模式的改变，家装市场进一步扩大，该类产品将逐步成为市场的主流。

图5.6 石材规格板（或工程板）连续生产线工艺流程示意图

3. 石材拼花制品生产

石材拼花制品一般是从大板加工成的一种异形板材，其生产流程如图5.7所示。目前常见的拼花加工方法有水刀拼花、粘结拼花、雕刻拼花等多种：水刀拼花制品是采用高压水射流设备（水刀机）、台式金刚石串珠绳锯、立式金刚石带锯等设备对天然石材进行高精度曲线切割，经无缝拼接后粘结成符合设计图案要求、具有艺术效果的石材制品；粘结拼花是对天然石材进行高精度直线切割，经无缝拼接后粘结成符合设计图案要求、具有艺术效果的石材制品；雕刻拼花是拼接图案突出或凹进底板，经雕刻、打磨处理成符合设计图案要求、具有立体效果的石材制品。

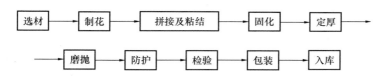

图5.7 石材拼花制品生产工艺流程示意图

5.2 异型石材加工工艺

1. 工艺流程

异型制品是外形或装饰表面为非平面的石材制品，常见异型石材产品主要是指线条、柱体和球体产品，圆弧板类产品虽然从标准上纳入到成熟的建筑板材类中，但是在生产工艺上仍属于特殊的异型类加工。其他的异形石材产品，如旋转楼梯、座椅板凳、墓碑石等，属于更特殊的加工类型，有时与石雕石刻类产品工艺相交融，此处就不一一列举，加工时根据具体要求，组合相关的工艺环节，形成相应的工艺流程。

直位花线生产工艺流程如图5.8所示。

图5.8 直位花线生产工艺流程示意图

弯位花线生产工艺流程如图 5.9 所示。

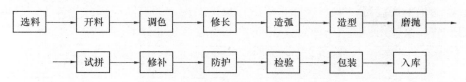

图 5.9　弯位花线生产工艺流程示意图

实心柱生产工艺流程如图 5.10 所示。

图 5.10　实心柱生产工艺流程示意图

实心球生产工艺流程如图 5.11 所示。

图 5.11　实心球生产工艺流程示意图

弧形板生产工艺流程如图 5.12 所示。

图 5.12　弧形板生产工艺流程示意图

2. 工艺说明

① 选料是针对最终产品的要求选择适当的荒料或其他条石的过程，要遵循以下原则：消耗最少的材料，提高出材率；多件合开，大小套裁；花纹颜色应符合要求，减少生产损耗。

② 开料是将荒料锯切成方料或条料的加工过程，参见板材加工，多采用金刚石圆盘锯和绳锯进行。

③ 调色是对石材半成品通过更换、调整位置等方法，使整体石材颜色相近或协调的过程。

④ 修长是对异型制品条料进行长度尺寸的裁切加工。

⑤ 造型是将石材方料、条料加工成花线、实心柱、实心球、弧板等异型制品的加工过程，多采用手工打磨，采用加工中心等机械设备虽然效率高，但成本也相应较高。

⑥ 磨抛工序与板材相似，只是曲面加工，多为手工磨抛，固定直径的弧面板有时采用机械磨抛方式。

⑦ 切角是指对弧形板或花线拼接角度进行精确加工的过程。

⑧ 切端面是指对弧形板高度方向进行精确加工的过程。

⑨ 试球是通过运转检测实心球的圆度、偏心，并加以修正的过程。

⑩ 试拼是对在安装时有拼接关系的异型制品在出厂前进行拼接检查的过程。

⑪ 修补是指异型制品在交货前对表面色斑、色线、孔洞、裂纹等瑕疵进行挖补、胶补及局部打磨的过程。

⑫ 其他工序与板材加工相同，可参照进行。

3. 注意事项

选择异型石材制品生产流程和设备时需要考虑以下几个因素：

① 选择尽量少的工序，提高生产效率；

② 尽可能采用机械化生产工艺和设备，减少人工打磨工序，节约成本，提高质量；

③ 避免装饰面出现天然缺陷，避免不了的轻微缺陷调整到次要面或背面。

5.3　复合板加工工艺

1. 工艺流程

石材复合板是在石材毛板的基础上，采用胶粘剂将石材与基材粘结后，通过加压和固化等工艺过程，再经过对剖机水平分切，形成面材为石材的复合板。基材一般为毛坯瓷砖、低档次石材、玻璃、铝蜂窝板、铝塑复合板等，面材一般为高档次的大理石、石灰石等流行品种，表面按要求可进行抛光、仿古等工艺处理。

石材面材厚度按照要求可加工成 3～8mm，规格尺寸受设备的局限一般宽度小于800mm。瓷砖基材复合板受瓷砖尺寸的影响，一般规格小于1000mm。胶粘剂性能是复合石材各项性能的关键，一般要求使用改性环氧树脂和聚氨酯类胶粘剂，忌用不饱和树脂类胶粘剂。

生产石材规格复合板时，可选用石材规格板加工，需要对原有背网和镜面进行加工后再粘结、对剖等加工。石材复合板的生产加工工艺流程如图5.13所示。

图5.13　石材规格复合板生产工艺流程示意图

2. 工艺说明

（1）选料与裁切

选择适当的石材荒料、大板或规格板，加工成厚度为 15～30mm、尺寸比成品规格大5～10mm 的规格板材，前期的加工工艺与大板和规格板的加工相同。同时选择复合的载体，如毛坯瓷砖、玻璃、铝质蜂窝板、铝塑板等，并通过专业设备加工成比成品规格大5～

10mm 的规格板材，载体的表面应经过刮平、打磨等粗化处理，以增加粘结性能。

（2）定厚与干燥

将石材进行定厚处理，确保平整。有光面和背网的石材应分别进行退光、退网处理，并保证处理彻底。将石材进行清洗、风干后，进行烘干。

（3）复合粘结

把载体材料平放，复合面朝上，在其表面涂上配制好的胶粘剂，同时在石材毛板的一面也涂上相应的胶粘剂，胶粘剂应涂得均匀而薄。然后将石材涂有胶粘剂的一面朝下对正放置在载体材料上。再在大理石毛板的另一面和另一块载体材料复合面涂上复合胶，将其粘结形成复合体（一片石材和两片载体材料的复合体）。

（4）固化

将复合体移至专用的复合架上，在每层的复合体之间加垫，再在上面施压，施压至合适的压力后使用紧固方式给予固定，随后将其置于烘干设备中进行升温促使固化。复合胶固化后对复合体进行卸压，清理外流的复合胶。

（5）对剖

将上下为载体材料中间为一层石材的复合体装在水平分切对剖机上，对剖为两块一面为载体材料而另一面为石材的复合毛板。正常情况下，上面复合毛板的石材面板厚度要比下面的厚。

对于上片厚度可以再次利用的复合毛板，可以重新返回至定厚工序，经过定厚、干燥、单面复合粘结、固化和对剖，再次分切出两片复合板毛板。

（6）干燥、补胶和固化

天然石材的一些缺陷如表面的孔洞、裂隙等，需要进行修补。因此需要重新对石材进行清洗和干燥，然后使用碎石、胶水等对其表面处理，再进行烘干固化工序。复合毛板是由石材面材、复合胶及载体材料三者组成，再经过表面修补处理，在厚度方面会有差异，因此在磨抛前需要进行定厚处理。将复合毛板的石材一面朝上，经定厚机处理以达到同样的厚度，再进入下一道工序。

（7）磨抛

将复合毛板经过磨抛设备加工，形成石材复合板光板。其他表面工艺加工，如亚光面、酸蚀面、仿古面等，则采用同石材板材相同的工艺进行处理。

（8）规格裁切和修整磨边

石材复合光板和其他表面工艺的板材按使用要求经裁切设备切割成 300～1000mm 规格的复合板，再进行四边倒角处理，以及其他特殊工艺处理，便成了石材复合板成品。

（9）分级分色与防护

按照石材的等级和颜色，将石材复合板进行分类码放，便于控制同批色差。对石材面材按要求涂刷防护剂，并进行相应的养护处理。相关事项参照建筑板材的内容。

（10）检验、包装与入库

经出厂检验合格后，进行包装，入库登记。包装及注意事项参考建筑板材的内容。

3. 注意事项

① 易碎的石材去除背网时采用后置处理，采用手工去除的方式。特别易碎的石材应粘

结好一面背衬时再返回进行去网处理。

② 复合胶涂刷要均匀，所有复合面上都要涂到，不能留有孔洞、空挡等，否则会影响板材强度，而且在研磨时容易压裂；复合胶厚度满足粘结需要，恰到好处，尽可能薄，一般为 0.1～0.2 mm，过厚会造成浪费并增加板材厚度。

③ 胶粘剂烘干固化的温度曲线必须由低到高，再到低。根据大理石的面料的材质来调整温度曲线，一般为 40～80～40℃。

④ 复合板对剖时加工每片产品必须采用垫锯缝的方式将板面垫平，以免造成平整度的误差。

⑤ 定厚的厚度根据复合板毛板的厚度的不同和用户的需要而定。

⑥ 填补石材孔洞、裂隙的胶水根据石材品种的不同和用户需要适当选用不饱和树脂胶或环氧树脂胶粘剂或水泥基胶粘剂，并进行调色或不调色处理，大的孔洞需要填充本品种的碎石或石粉。采用不饱和树脂胶时不需要升温处理，但在刷胶前一定要注意板面的温度不能太高，以免胶水在较短的时间内凝胶而没有达到填补的效果，影响质量。

⑦ 进行深加工前必须将复合毛板载体材料一面的胶钉处理干净，以免因高低不一造成产品的厚薄不同、面板不均现象。

5.4　马赛克加工工艺

1. 工艺流程

石材马赛克一般是采用石材板材加工时剩余的边角料进行加工的，其生产流程如图 5.14 所示。

图 5.14　石材马赛克制品生产工艺流程示意图

2. 工艺说明

选料：根据马赛克图案要求，选择适合的颜色、纹理和大小的天然石材材料。

裁切及制粒：将选择好的石材料切割成规定大小和形状的石粒，或者通过其他方式制成的异形石粒，如劈裂面、立体面、规则或不规则的造型面等。

表面效果处理：将石粒按要求进行表面处理，制成光面、亚光面、仿古面等装饰效果。

造型拼装：将石材充分干燥后，按照图案要求，选用大小、颜色适合的石粒进行拼装，有时现场还需进一步修磨以达到理想的大小和形状。按照缝隙不同，将马赛克拼接成有缝隙排列马赛克和无缝密排马赛克，并利用石材的天然颜色和花纹、颗粒造型和表面效果达到整体的图案艺术。

背胶粘结：完成造型拼装工序后，在马赛克背面涂刷胶粘剂并粘结衬材，形成整联。

干燥和防护：将马赛克充分干燥后，涂刷石材防护剂，养护到规定时间。

检验、包装与入库：按要求对马赛克进行验收，随后包装入库。记录马赛克的有关信息在箱体上。

3. 注意事项

① 采用玻璃纤维网作为背衬时，网孔直径应与石粒尺寸的比例符合标准要求，网孔过大会导致石粒脱落，过小会造成胶层覆盖面积过大，降低水泥基胶粘剂的粘结强度，影响粘结施工。

② 颗粒细小的马赛克，背衬适合采用陶瓷板，便于安装。

③ 马赛克使用的胶粘剂适合采用环氧树脂基胶粘剂，避免脱落，提高使用寿命。

5.5　石雕石刻加工工艺

1. 工艺流程

石雕石刻品生产工艺流程如图 5.15 所示。

图 5.15　石雕石刻品生产工艺流程示意图

2. 工艺过程

选料：选择适合的荒料或其他形状的石料。

开料：按要求锯切成适合长度的方料。

调色：根据荒料的颜色、花纹特征进行的调整，减少因色差给成品带来的影响。

分件：是将方料锯切成条料的加工过程。

造型与切角：采用机械设备将条料切割、修整至规定的大小和形状。

雕刻：采用各种雕刻手段，进一步精雕细刻，完成雕刻产品的外形特征。

磨抛：将表面打磨出相应的光泽效果。

修补：对石材的天然缺陷或加工、搬运过程中损坏进行修补。

防护：对石雕石刻品的各个外露面涂刷防护剂，减少污染和破坏，并进行养护规定时间。

检验、包装和入库：石雕石刻品需要逐件进行检验和验收，合格后进行单独包装，然后登记入库。

3. 注意事项

① 石雕石刻属劳动密集型工艺，个体差异很大，尽可能多采用机械加工工序，减少人工劳动强度，提高效率。具有平面的部位，适合进行机械方式打磨，以提高平整度和光泽度。

② 石雕石刻加工场所粉尘和噪声是重大的污染源，应采取必要的降尘、降噪措施，工作人员应佩戴好个人防护用品。

5.6　人造石加工工艺

1. 工艺流程

人造大理石（岗石）的工艺流程如图 5.16 所示。

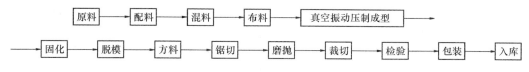

图 5.16　合成岗石生产工艺流程示意图

人造石英石（石英石）的工艺流程如图 5.17 所示。

图 5.17　合成石英石生产工艺流程示意图

2. 工艺过程

（1）原料

人造石的原料来自天然石材，岗石主要采用的是大理石粉，石英石主要采用的是石英砂，石粉占到人造石成分的 90% 以上。生产中为保证人造石产品颜色均匀、配比稳定，原料一般来源于石材矿山碎料，制成不同粒径的粉末和碎石。

（2）配料

根据各产品不同工艺配方，选择不同粒径和配比的石粉。

（3）混料和布料

将不同粒径石粉充分搅拌，混合均匀。需要制成特殊的结构和花纹时，配合设备和工艺配方，对颜料和材料的分布进行人为设计和干预，制造出具有自然纹理变化的人造石。

（4）真空振动压制成型

采用抽真空和振动相结合的方式，去除料中的空气，减少气泡的发生。再通过压制的方式，制成规整的六面长方体方料。

（5）固化与脱模

固化过程与所有的胶粘剂类型有关，水泥基胶粘剂等无机材料不需要烘干固化，但需要在有水分的环境中固化；采用不饱和聚酯树脂等有机胶粘剂合成工艺时，适合选用烘干固化工艺。固化工序完成后，卸载外侧挡板，完成脱模工作。

（6）其余工序

脱模完成后，就制成了人造石的方料，类似天然石材荒料，剩余的工序与天然石材相同，岗石采用大理石的加工工艺，石英石则参照花岗石的加工工序。人造石英石因硬度高，切割开料耗工耗时，通常采用板法压制成型，固化脱模后形成的产品为板料，类似天然石材的毛板，其余工序参照天然花岗石的毛板加工工艺。

3. 注意事项

（1）应用问题

人造石现在成熟的技术和产品是不饱和树脂胶粘剂类产品，最典型的代表是仿莎安娜大理石产品，色泽和花纹能达到逼真的地步，价格适合普通家庭装修。然而由于使用不当造成的开裂、空鼓、翘边等现象经常发生，往往都归结于产品质量，忽略了施工方法适宜性和铺贴粘结材料的选择等方面的因素。由于不饱和树脂胶的一些性能局限和人造石膨胀系数高等特性，人造石不适合采用普通水泥砂浆粘贴法施工，不遵守该规则就会出现问题。企业在推广产品的同时，也应积极配套专用胶粘剂产品，至少应提供相关解释说明，推荐使用相关品牌的胶粘剂产品进行施工，对用户负责，也是对自己的产品负责。

（2）新产品拓展问题

人造石具有花色丰富、色差可控、强度高、吸水率低等特性，同时可以很好地消化天然石材的废料，易于加工特别适合批量异型产品的生产，是装饰石材行业很好的补充产品。但是石英石和岗石多采用不饱和树脂基胶粘剂，使得产品耐水、耐碱、耐紫外线性能有限，应用范围存在很大的局限性，使用寿命短、安装不方便等问题也制约了行业的发展。行业需要更多的新产品、新工艺来弥补不足，服务更广阔的行业发展需要。

（3）翻新问题

岗石产品由于含有天然大理石成分，随着环境的变化，会和天然大理石一样，表面会产生磨损，失去光泽，装饰效果下降。要保持人造石产品色泽和平滑质感，体现其装饰优势，需要对其进行日常维护和定期翻新，需要专业的施工人员进行，避免施工不当造成的各种质量问题。

6 石材施工与安装

6.1 墙地面湿贴施工工艺

1. 准备工作

（1）基础表面的要求

① 基面的表面应当是水平的或垂直的，并完全符合设计要求。用 2m 长的直尺测量平整度不超过 3mm，表面平整度不充分时应用找平或打底来弥补。

② 基面应当是完好和稳定的。应当没有任何有可能降低或抑制下一层材料粘结性能的附着物（如灰尘、碎片、突起）或有害物质（如油或油脂）。在基面表面的任何强酸和强碱，要在使用下一层材料之前将它们中和。表面应当使用扫帚清扫然后用水喷洗。

③ 基面不应当处于水静压或上升的潮湿之中。基面应当保持干燥，尤其是当使用一些树脂基的粘结剂产品时。当使用一些对潮湿特敏感的石材产品时，基面内的潮湿度应当在铺装之前进行检查，以保证达到规定要求。

④ 现场的环境条件应当符合规定要求，例如阳光、雨水和温度等。

⑤ 各种基面的表面准备参见表 6.1。

表 6.1　各种基面的表面准备工作

基面种类	表面的准备	备　注
石材表面	1. 在普通等级或低等级的基面上，要使用有效的防水膜。 2. 要求打底	1. 例如沥青基液态膜。 2. 打底前要检查防水工作
钢筋混凝土表面	1. 混凝土养护 28 天以上。 2. 地面应使用稀砂浆覆盖层。降低稀砂浆覆盖层厚度应使用匀泥尺。 3. 墙体应使用喷溅覆盖层。如果水平度满足了规定的条件，可以使用适当的粘结剂直接铺装石材，否则需要打底。 4. 喷溅覆盖层要在打底之前 24h 内干燥。 5. 当一些覆盖层起着粘结破碎作用时，要使用脱膜剂	1. 稀砂浆由水泥与聚合物乳胶以质量比 1：1 搅拌成。 2. 喷溅覆盖层由水泥、砂子与聚合物乳胶以质量比 1：1：1 搅拌成
高精密混凝土砌块表面	如果水平度满足了规定的条件，可以使用适当的粘结剂直接铺装石材，否则需要打底	要保证打底混合料与砌块的相容性
非承载隔墙	1. 要确定这些建筑用板粘贴石材的适用性。必须按照建筑板制造商的指导进行安装，特别要按照支撑金属立筋定位和等级要求以保证基面的刚性。 2. 这些建筑板材必须用适当的底涂剂涂布以在铺装石材之前调节潮湿。应该严格按照板材生产商的要求操作	

（2）石材的要求

① 石材在安装前应做好防护，并保证在规定的条件下有充分的时间进行养护。

② 石材背面应涂刷底面型防护剂，对石材粘结强度的影响应符合规定。

③ 坚固性差的大理石和石灰石背网应尽可能保留，必须保证背网粘结牢固而且粘结剂与背胶有良好的粘结力，否则应剔除背网和背胶，补刷底面型防护剂按规定进行养护。

④ 石材背面应保持清洁，清除生产、加工、运输、搬运过程中可能留下的粉尘和渣滓。

⑤ 应了解所用石材对潮湿的敏感性以及防护剂的适用范围，确保基面的含湿量满足石材的要求。

⑥ 每个装饰面的石材板材在正式安装前应备齐，缺损石材应及时更换，石材板材应按预先编排好的位置和顺序分别码放，便于安装时取用。

2. 找平层/打底的施工

在使用水泥基材料之前，非常干燥的多孔性表面应用清洁水浇湿，清干净表面多余的水，使基面处于内部饱和、外部干燥的状态。为了达到均匀性良好的水泥砂浆，应该使用干拌水泥砂浆，并搅拌均匀。

墙体第一道打底层，厚度不超过 15mm。用木抹子使其粗糙，以便能咬合下一层，至少在 24h 内干燥。随后的覆盖层应当使用同样的方式直至达到要求的厚度。打底的全部厚度应不超过 30mm，否则要在打底之前将非氧化带肋金属板的板条锚固在基面上。

地面铺装石材使用水泥基粘结剂，使用木抹子做成找平层。找平砂浆主要使用增强聚合物乳胶。对于大于 50mm 的找平厚度，要将非氧化金属丝网放在中间作为增强材料。

找平层和打底层要在空气中至少养护 7 天。在开始 2 天，要喷洒混合水保养以便保证质量。养护后，使用金属棒彻底检查找平层和打底层粘结性，对裂纹进行适当的修补。

墙体中重要的隐蔽件（特别是煤气管道）应在打底表面明显地标出其位置，避免随后的铺装工作对隐蔽管线造成损坏。

3. 铺装

（1）管理控制

① 在装修过程中，为了使建筑物达到全面高质量，通过现场管理加强质量监督是非常重要的，只有这样才能保证工程有一符合要求的工艺质量。

② 现场监督员一定要经过严格的培训并能胜任工作。

③ 要准备一份具体的检查和试验计划以及查验清单，这个计划应概述了项目监督、接受标准、监查频度和查验清单等，保证各个工序能正确进行。

（2）粘结剂的准备

为了防止低性能和失效，粘结剂应以稳定的比例混合。当使用指定产品时，必须严格按照生产商的要求去做，特别是那里使用的混合比例、工艺程序和熟化时间。

混合粘结剂应使用机械式搅拌器，限量搅拌，保证搅拌出的粘结剂砂浆在产品规定有效时间内使用。混合粘结剂需要用洁净容器，要用自来水，以保证搅拌均匀且浆中无结块。为了防止太多的空气进入粘结剂，应使用推荐的砂浆鼓轮搅拌器。粘结剂搅拌好后，不得再用水或者溶剂回拌，否则会导致粘结剂失效。

（3）铺装石材

施划分割控制线和高度控制面后，用平抹刀在已经验收的表面上抹粘结剂混合料的薄涂层，全部盖上即可。随后，立即用齿口抹刀将所要求量的混合料铺在薄涂层上，铺时要求连续铺层，中间不得有中断。齿口抹刀的尺寸有 3mm×3mm，6mm×6mm，8mm×8mm 等规格，应根据石材板材面积、表面平整程度而定。应将粘结剂直线抹开，以使凸凹口平行，只能使很少量的空气积存在石材板下面。

摊抹粘结剂混合料时，不宜将料铺得太宽，一般限制在 $1m^2$ 之内或一臂长之内。在一个面上铺装工人将料铺得太宽，有可能在专用粘结剂产品的晾置时间内来不及铺石材，导致粘结失败。

在泡湿的地方或经常行驶车辆的地方铺装石材板材时，应在石材背面抹混合料背衬。在石材背面抹混合料背衬，会降低空鼓率，提高粘结密实度和粘结力，但也同时加大了混合料用量，成本增加。

铺装石材之前，要保证粘结剂表面不能起皮，如果发生意外，粘结剂必须重新抹。按照排板编号将石材铺到指定位置上，要均匀敲打以使石材能完好地与粘结剂表面接触。使用水平尺测量以保证铺装的石材是水平的。石材以稳定的压力铺到粘结剂上，并只能在粘结剂生产商规定的时间内进行调整。

使用适当的塑料隔缝条和隔缝杆以保证接缝宽度均匀。反过来观察一些调整好的石材背面，确保粘结剂覆盖完全。

在石材表面遗留下来的粘结剂一定要在硬化前清除掉，剩余的粘结剂则在施工时就应当清除掉。装修完的表面要保护起来，粘结剂要有充分的时间固化，具体时间应遵循产品使用说明和生产商的建议。

（4）填缝（勾缝）

按照规定的混合方法和程序准备填缝浆，不应使用干的或半干的混合浆填缝。同一装饰面应使用同样比例一次作业完成，以保证勾缝颜色一致。

使用软的抹子将勾缝浆完全填满石材接缝。按照填缝剂使用说明和生产商推荐的使用时间完成填缝工作，并且将剩余的料要用适当的工具和溶剂清理干净。应准备好充分的湿、硬的纤维素海绵和清洁水，海绵要经常在清洁水中清洗，直到石材表面完全清洁。

在地面上，填缝剂施工完应予以保护，在允许行走之前应有充分的时间凝固和硬化。

（5）伸缩缝的安装

按照设计要求使用适当的填充材料（如聚乙烯泡沫板）和可压缩的封闭条填充伸缩缝。在宽大的地面和墙体上连续分割石材装修的伸缩缝，应当延伸到底下的找平层和打底层，可防止从表面到石材铺装层的收缩裂缝。

接缝要用有适当耐久性和伸缩适应系数的密封剂填充好。任何情况下，应严格按照密封剂生产商的要求去做。

（6）全面工作的检查

工作完成后要进行以下方面的检查，以保证工作符合设计和客户的要求及标准。

① 接缝

石材板材的规格尺寸应该是稳定的，接缝宽度应均匀一致，接缝排列要和墙裙脚及墙体板材平行并呈直线，裙脚厚度要一致，勾缝要一致并整洁。

② 铺装装修

不能看到砂浆污渍和染料滴落，花纹色调应基本一致或过渡自然。

③ 平整度

装饰面表面应当是平坦的和水平的，在 1m 的长度上平整度应低于 2mm；两块板材之间的垂直落差（剪口）应低于 1mm。

④ 缺陷和损坏

在 1.5m 范围内不会看到碎裂、裂纹和其他外观缺陷。

⑤ 空鼓

用硬物敲击没有空洞声音。

（7）保护

石材安装工作全部完成后，现场环境条件应控制好，直至材料长时间养护结束，相关保护材料不得对石材造成污染。

地面完成铺装后的 4 天之内不能在上面行走，4 天之后至 10 天之内，只可以轻度行走。石材地面铺装完成后，立即擦净上面的粉尘、污垢和颗粒，并且用波纹板、聚乙烯板、木板（重度行走时用）等将石材地面保护起来。使用保护材料时应注意，某些材料可能会对石材造成污染，例如锯末、彩色纸板等。

墙体完成铺装后，应立即对墙体进行保护，避免临近墙体或墙体背面在整个要求的养护期内受到冲击振动和锤打。

各个建筑行业的承包商应将确切工作计划列成进度表，在施工现场统一并严格遵守，防止工作相互冲突，造成损坏和返工。建筑行业之间的良好配合是预防损坏和工程返工非常关键的一环，施工现场应统一协调，严格遵守规定。

4. 主要事项

良好的石材铺装质量，需要铺装过程中熟练的操作技术工人最终来实现，但反映出的问题却是整个石材流程中的综合结果。设计师和现场检查人员应懂得有关石材铺装经常发生的问题，以及如何才能预防它们。附录 D-1 是石材粘结工程中经常遇到的问题以及可能的原因和解决的措施。

6.2 墙柱面干挂施工工艺

1. 安装前准备

（1）主体结构

安装石材幕墙的主体结构应符合有关结构施工质量验收规范的要求。幕墙与主体结构连接的预埋件，应在主体结构施工时按设计要求埋设。预埋件的施工应符合现行国家标准《混凝土结构工程施工质量验收规范》（GB 50204）及设计要求。当预埋件位置偏差过大或未预先埋设预埋件时，应采取有效的补救措施。

由于主体结构施工偏差过大而影响幕墙施工时，应会同业主、土建设计、施工单位共同协商，采取相应的措施。

（2）支撑结构

石材幕墙的支撑结构系统应符合设计要求，其构件及附件的材料应符合要求。幕墙构件或组件的验收、存放、搬运、吊装以及安装施工等过程应符合 JGJ 133《金属与石材幕墙工程技术规范》标准的要求。石材幕墙的支撑结构系统安装偏差应符合设计和 JGJ 133 标准的要求。

（3）辅助结构

防火、保温材料铺设应符合设计要求，且铺设平整、可靠固定，拼接处不应留缝隙。冷凝水排出管及其附件的安装应符合设计和 JGJ 133 标准的要求。其他通气槽、孔及雨水排出口等应符合设计要求，不得遗漏。

（4）石材与挂件及密封剂

到达工地现场的干挂石材应进行全面的质量检验和验收，每块石材均不得有影响安全的裂纹和超薄现象。干挂石材的物理性能应委托专业质检中心按批量进行现场抽样检验或有见证送检，对于薄弱项目和重点控制项目应加强抽检和控制力度，确保工程安全。

有问题的花岗石、砂岩装饰石材应报废处理；大理石和石灰石可以进行现场粘结修补，但不得影响外观和降低物理力学强度，否则应报废处理。缺损后的石材应及时补充。

每个装饰面或部位的石材应按规定备齐，按排板顺序号进行码放，便于拿取并严格按排板位置进行安装，现场停放储存时不得污染或损坏石材。

施工现场再进行的加工应严格按照设计要求进行，不得随意更改开槽位置和扩大偏差范围；现场加工后应及时清洁加工面并补涂相同牌号的防护剂，养护规定时间。现场再加工和再养护应有相应的监督和验收程序，防护剂应符合要求。

工程中石材干挂件应按批量提供抽检报告或见证取样送检报告，其性能达到强制性标准的要求时方可使用。

背栓连接的石材幕墙，应提前将背栓装入石材背孔中，确保背栓胀管有效胀开，并达到规定深度。安装有抗震塑料环的背栓不宜再添加环氧树脂胶粘剂在内部进行粘结密封，只准在表面进行密封。干挂幕墙使用的硅酮密封胶在批量供货时应抽样复检，各项性能应达到规定要求。

（5）单元式幕墙准备

单元式幕墙单元组件应在工厂中加工制作；幕墙单元中石材应按照排板位置安装，并对每个单元编号，应注明加工、运输、安装顺序和方向；幕墙单元中石材的安装应参照构件式幕墙安装方法，并应符合设计要求。

幕墙单元板块的吊挂件、支撑件应具备可调整范围，并在搬动、运输、吊装过程中有防止变形的措施；单元式幕墙混合板块应按设计要求将玻璃、石材板或金属板、防火板及防火材料等按设计要求组装在铝合金框架上；幕墙单元板块的加工工艺孔洞应进行封堵，通气孔及排水孔应畅通；单元板块偏差和连接件应符合 JGJ 133 标准的要求。

2. 构件式幕墙安装

幕墙安装应采用预先排板的编号按规定顺序逐层安装；短槽、通槽、背斜槽等安装时应清洁槽缝，填满环氧树脂胶粘剂，安装挂件并固定在支撑结构上，所有紧固件应保持可调节状态；背栓直接通过连接组件固定在支撑结构上，保持紧固件在可调节状态；按照规定的平面度、垂直度、水平度、直线度、缝隙宽度等调整石材，调整石材位置时应主要采用调整挂件和支撑结构的相对位置，挂件和石材的间隙仅适用于微调，调好石材位置后方可紧固全部紧固件，严禁采用固定挂件后靠扩槽来满足调整石材位置的需要。

构件式幕墙密封宜采用石材专用密封胶，施工环境条件应符合密封胶产品的要求。

3. 单元式幕墙安装

单元式幕墙吊装机具应具有足够的承载能力和安全保护措施；在吊装过程中不得损坏单元板块，应有相应的防磨损、撞击和挤压措施；单元板块就位时，应先将其挂到主体结构的挂点上，再进行其他的工序；板块未固定前，吊具不得拆除；连接件安装调整完毕后，应及时进行防腐处理；板块间应安装防水装置，并进行密封处理；连接件安装允许偏差和单元式幕墙安装允许偏差应符合设计要求和JGJ 133标准。

要求安装的防雷装置、保温层、防火层应按照设计要求提前进行安装，完成后进行隐蔽工程验收。幕墙工程安装完毕后，应及时清洁幕墙，清洗剂不得腐蚀和污染幕墙和支撑框架。

4. 注意事项

良好的石材装饰效果，需要从设计、选料、生产、排板到安装共同来完成，反映出的问题是整个石材流程中的综合结果。设计师和现场检查人员应懂得有关石材安装经常发生的问题，以及如何才能预防它们。附录 D-2 是石材干挂安装工程中经常遇到的问题以及可能的原因和解决措施。

6.3 其他施工安装工艺

除了湿贴施工安装工艺和干挂施工安装工艺外，还有一些特殊的施工安装工艺在石材的应用中也有部分使用，有些工艺在我国应用的比较少，以下做一些简单的介绍供参考。

1. 吊装工艺

（1）概述

适用于该工艺的石材应具有质地轻、强度高等特点，规格不适合过大，避免采用含有裂纹等缺陷的石材，否则会影响工程安全。

石材吊装工程应有详细的计算书，计算出骨架规格、石材规格、连接件强度等要求。龙骨推荐采用热镀锌角钢，若用普通角钢应做防锈处理。较轻的石材吊顶龙骨亦可采用轻钢龙骨。

吊装工程所用的金属龙骨、连接件、密封胶、石材等材料均应符合相关国家和行业标准的要求，吊装工程所用材料的品种、规格、颜色以及基层构造、固定方法应符合设计要求。

（2）施工过程

吊装工程的主要工艺流程有分割控制线和标高施划、龙骨制作安装、挂件安装、石材板块加工安装、密封清理等。

首先根据设计标高在四周墙上施划出标高控制线，然后根据吊装石材放样图在顶板上划出龙骨固定点位置。根据设计要求，固定安装龙骨和挂件，相关内容应符合标准和规范的要求。挂件可采用短槽挂件和通槽挂件，轻质石材板材和石材复合板类产品可以将挂件设计成带边框的搁置法，以减少了石材开槽的工序。

石材加工应符合设计和标准的要求，开槽大小和位置应满足安全等方面要求。石材开槽尽可能选择在加工厂完成，避免现场二次加工造成的不便，以及对防护层的破坏。石材安装前应对石材进行编号整理和试拼，保证纹理通畅、色差均匀。在石材两侧槽内抹满干挂胶，插到干挂件上，调整好石材的水平、垂直、方正后拧紧螺栓，再用靠尺板检查有无变形，而后再固定另两侧的连接挂件。

按设计要求完成边角做法和缝隙的密封，石材表面应及时清理，防止干胶粘剂溢出。

2. 地面架空施工安装工艺

（1）概述

该工艺适用于强度比较高的石材品种，具有安装便捷、更换方便、隔声和便于地下管道的铺设等特点，但是也存在承载有限，不适合承载地面和重负荷公共区域的安装。

（2）施工过程

工艺流程主要有基层处理、分割控制线和标高施划、支座安装、板块安装、密封清理等。

基材一般为现浇混凝土或现制水磨石等硬基层，基层表面平整、光洁、不起灰，安装前应认真清扫干净，必要时在基层表面上涂刷清漆。按照区域的长、宽尺寸，设计排板方案，施划出相互垂直的中心线及标高线。在所有分割交点上，安装金属支座，有横梁的需要同时安装横梁，调整支座至设计高度和水平。将排列顺序确定的石材板材按要求进行铺设，然后对缝隙使用防水填缝材料进行密封，清除施工中板材表面的粘附物。

（3）注意事项

① 当区域是矩形时，测量相邻的墙体是否垂直，如相互不垂直，应预先对墙面进行处理，避免活动板块在靠墙处出现楔形板块。

② 如果区域不符合活动板块的整数倍时，应将非整块板放在靠墙、不明显处。

3. 贴挂安装工艺

贴挂法是早期石材（花岗石、大理石、水磨石）的一种墙面安装工艺。早期由于普通水泥砂浆与石材的粘结强度有限，在室外经过风吹、日晒、雨淋、冻融等自然老化后，常常有脱落现象，存在工程安全质量问题，于是多采用此安装工艺。该工艺其实就是在湿贴的基础上增加金属连接件或铜丝绑定等方法，使得石材即使粘结层脱离，也不至于有掉下来的危险，增强了石材与墙体的结合力。此方法在现在的石材应用环境中也是一种安全保护措施，尽管新型的水泥基胶粘剂的粘结强度有很大的提高，但是应用在室外的高层粘贴时，适当增加金属连接件有助于提高粘结强度、使用寿命和安全性。由于专用水泥基胶粘剂成本高，实际应用范围还是很有限，大部分室外墙面除了干挂外，还是多采用水泥砂浆进行施工的，此时采用贴挂法工艺是非常经济适用的，但是要注意石材的防护，避免水泥砂浆的水分和碱性物质进入石材，出现水渍和泛碱等问题。

4. 粘挂安装工艺

一些低层的石材干挂施工，由于石材厚度偏薄，不能进行有效的开槽开孔，一些工程中就采用树脂胶粘剂在背面粘贴石块，再进行开槽挂装，还有些工程直接将挂件通过胶粘剂的形式与石材连接，再安装在龙骨上。此类工程如果胶粘剂是采用了不饱和树脂胶粘剂（俗称云石胶），由于其耐水、耐碱、耐紫外线老化性能差，将会在1~3年内出现脱落现象。此类安装工艺中，特别应注意使用的胶粘剂必须是环氧树脂型结构胶，同时在所有的连接部位都要通过金属件连接，不能将全部承载力依托在树脂胶粘剂上。环氧胶粘剂的固化时间较长，有时不能满足工期的实际情况，需要采用少量的不饱和树脂胶采用点状分布进行快速定位，且不可全部采用云石胶进行粘贴，否则工程迟早会出现质量和安全问题。

7 石材应用护理

7.1 石材清洗

1. 综述

本节的石材清洗不是指生产过程中涂胶或涂刷防护剂前的冲洗、清洁等过程，也不特指工程验收前石材表面的清洗工作，石材清洗泛指石材在应用过程中出现的各种病变的清理过程，主要是针对水斑、锈斑、盐碱斑、油斑、白华或其他污染斑现象进行的清理工作。

石材清洗的方法分为：物理清洗，使用物理或者机械方法去除污渍；化学清洗，使用化学品来治理病变。清洗一般采用清洗剂和人工的方法，或借助于机械设备等特种方法。目前已形成了一批专业的施工队伍，有相应的资质和培训，能够专业地完成石材的日常清洗工作。

2. 准备工作

根据污染情况了解污垢的种类、特性、形成原因及污染程度等信息，确定对污染源的清洗是化学清洗或是物理清洗。采用化学清洗方式，需要根据石材品种、饰面做法、污染源种类以及污染渗入情况选择适当的清洗产品。清洗产品的 pH 值应适合所应用的石材品种，酸性清洗剂及强碱性清洗剂不能用于大理石、砂岩、石灰石等种类的光面板材施工。含强酸或强碱的清洗剂也谨慎用于花岗石石材品种，容易导致后期出现各种问题。清洗产品应有使用说明书、合格证，有害物含量应符合相关标准和规范的要求。

清洗产品使用前应检查产品类型，所选的清洗剂与应用的石材种类、污染物相适宜。确定污染是否对石材造成损坏，如已造成实质性损坏，需另做处理。施工前的石材表面应干燥、干净、无灰尘。清洗施工时，应保持通风，无雨水、无粉尘。

3. 清洗施工

石材清洗工艺流程一般如图 7.1 所示。

图 7.1　石材清洗工艺流程

工艺过程如下：

（1）石材表面清洁

使用适当工具清除石材表面尘土、胶及其他附着物，面积较大时，可使用专用机械设备。清洁完成后，去除表面的水分。

（2）石材干燥

石材表面适合采用自然通风方式进行干燥，尽量避免使用高温、火烤等干燥方法。

（3）围挡保护

使用警示牌围挡施工部位，防止无关人员误入造成损伤。

（4）涂刷清洗剂

施工人员应佩戴好防护用具，使用毛巾或毛刷将清洗剂涂刷于污染处。必要时可将纸巾附着于污染处，将清洗剂置于纸巾上，上附保鲜膜，保持湿度。

（5）清水清洗

污染消除后，应使用清水清除残留的清洗剂，至 pH 值为 7 左右，去除表面水分。如需反复多次进行清洗，则重复涂刷清洗剂和清水清洗过程，直至污染去除。

（6）干燥

清洗完成后，采用自然风干方式，其间不能接触污染物、雨水、粉尘等。石材彻底干燥后，查看污染物清除结果。

4. 验收质量

在室内清洗污染物时，清洗剂应满足《民用建筑工程室内环境污染控制规范》（GB 50325）等有关标准的规定。清洗剂不应对石材造成损伤，不应造成石材光泽度下降、变色、返黄等。

目视清洗前后，石材表面应颜色一致；清洗前后光泽度无明显变化，使用测光仪检测时，下降值不大于 5％；石材表面无尘土及附着物，无残留清洗剂。

5. 清洗应注意的事项

① 大面积施工前，应进行小样试验，以确保清洗效果。

② 清洗施工时应戴好防护手套、眼罩、口罩等个人防护用品，并注意施工现场的通风换气。

③ 使用过氧化物清洗剂时，应准备塑料桶并加水，施工完成后施工废料应放入桶中，避免产生自燃。

④ 一旦清洗损伤石材，应采取补救方法或更换石材。

⑤ 清洗施工时，如有必要应拉起警戒线，并派专人守护。

⑥ 清洗剂存放，应远离火源、高温。

⑦ 石材清洗时，应尽量减少用水量，做到量少次多地清洗，防止造成石材的二次污染。

⑧ 清洗剂接触皮肤或误入口服时，应及时进行清洗、就医。

7.2 石材防护

1. 综述

石材防护就是对石材进行防护性保护，使石材免遭外界各种破坏因素的污染、侵蚀或磨损。目前石材防护主要是利用化学材料和技术，在石材表面或表层生成防护层，以克服石材自身的某些缺陷，防止各种污染物的侵入，保持石材的装饰效果，延长石材的使用寿命。

石材防护一般是作为石材生产工艺过程中的一个环节进行的，在产品出厂前就已完成了防护作业。当然，石材防护环节也可以发生在石材施工安装前，在进行了开槽、预铺装等施工准备后，按照要求可进行现场防护作业和保养，只要现场能达到规定的要求。一般是推荐在生产企业完成防护和养护过程，施工现场若有开槽等作业时再进行补刷，毕竟施工现场条件有限，有时为了赶工期会减少养护时间，造成防护效果不佳等问题。石材防护也适用石材清洗后或石材翻新打磨后进行，以保护石材免遭再次污染。同时也因为防护剂的使用寿命有限，石材工程在正常使用了3～5年后，也需要对使用中的石材进行防护剂的涂刷作业。

石材防护剂产品也出现了一些知名品牌，在近些年的实际工程应用中性能稳定，具有不俗的表现，用户可咨询选用。

2. 准备工作

（1）防护剂的选择

防护剂是指能够有效降低石材的吸水率，提高石材耐污性和耐蚀性，防止天然石材产生白华、水斑、锈斑等病变的溶液。防护剂按照溶剂类型分为水剂型（SJ）和溶剂型（RJ）两类；按照功能分为防水型（FS）和防油型（FY）两类；按使用部位分为饰面型（SM）和底面型（DM）两类。饰面型防护剂按防水性、毛细吸水系数下降率、耐污性分为 A 级和 B 级两个等级。

石材防护剂产品不仅品牌繁多、类型多样化、成分复杂、优劣混杂，就是同一产品应用在不同的石材品种上也会有不同的表现。因此应根据设计要求、石材品种、防护目的、成功案例等诸多因素，做到科学、恰当地选择防护产品。防护剂产品的质量首先应符合相关国家和行业标准，防护剂应有合格证及有效期内的检测报告、使用说明书等相关材料。进口产品应有中文说明（包括：产地、生产商、生产日期、使用说明、国内代理厂商等内容）、报关单、商检单等。所选用防护剂的有害物质含量，同时也应满足《民用建筑工程室内环境污染控制规范》（GB 50325）的规定。防护剂进场施工前，需核查防护剂品牌、种类、型号、出厂日期等信息，并开盖检查防护剂有无变色分层、漂油和沉淀等变质现象。

（2）石材

石材的外形、尺寸、平整度、光泽度、外观均应符合设计及有关板材的质量标准，有崩边、掉角、裂缝、孔洞应事先进行修补，有特殊要求的除外。在正式防护前，石材所有的修补、开槽、特殊表面处理工序均应完成。石材表面应无锈斑、色斑、胶痕、油污、蜡质等污迹，否则应选用石材专用清洗剂进行清除。防护前石材表面干燥且颜色均匀，不应有干湿色差。背部有加强网的石材，在生产企业可保留背网不进行背面防护，在施工现场需铲网涂刷底面型防护剂，如工程需要带背网施工时，可不进行底面防护。

（3）其他要求

大面积施工前，对于所选定的防护剂与被防护的石材应进行小样试验，以检验现场产品的可靠性，确保防护效果。石材应垫木方码放，倾斜码放石材正面应朝向施工人员，两块石材之间用硬质无污染物隔开保持通风。码放时应注意编号、架号，核对石材数量、品种，不能发生错乱。石材防护作业，应保证通风良好，无雨水、无粉尘，温度5℃以上，相对湿度不大于60%，风力不大于4级，溶剂防护剂涂刷时应远离火源。

3. 施工工艺

石材防护一般工艺流程如图 7.2 所示。

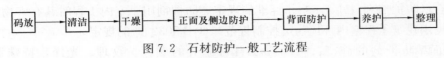

图 7.2　石材防护一般工艺流程

石材防护施工过程如下：

（1）石材码放

石材应按架号或编号区分码放，采用水平或倾斜码放。码放时，带好防护手套，轻拿轻放。不能造成崩边、豁口和石材断裂。如发生崩边、豁口和石材断裂等现象时应及时修复，不能修复的应更换石材。码放时应留有操作人员通道，铺开平放石材时，石材与石材之间留有 3cm 以上间距，方便四边防护剂的涂刷。

（2）石材清洁

石材表面应干净、无粉尘，必要时使用毛巾、毛刷等工具除去石材表面粉尘，使石材表面纹理、颜色、光泽得到显现。石材表面的锈斑、胶痕、油污、蜡质、有机色斑等污染以及已有防护层需要专业的清洗剂进行清洗，使用毛刷或毛笔对症选取清洗剂进行清洗。污染清除后，用清水去除石材表面残留清洗剂，使石材表面 pH 值达到中性左右。清洗时人员需佩戴好防护手套、口罩、眼罩等防护用品。

（3）石材干燥

石材应采用自然干燥或人工吹干等方法干燥，不适合采用火烧、微波加热等的方法干燥。石材干燥过程中应避免雨水侵蚀、粉尘飘落或其他形式的污染。

（4）正面及侧边防护

石材干燥后即可涂刷防护剂，防护剂涂刷可采用喷、擦、刷等方法，大面先涂刷石材四周，然后涂刷中心部位，横竖方向各涂刷一遍，然后涂刷侧边。防护剂应均匀满涂，不得漏刷。依照产品使用说明静置后，按以上程序进行第二遍涂刷，稍后擦去表面残留物和浮尘。防护剂也可采用浸泡的方式，但值得注意的是完全浸泡法效果并不是最佳，原因是一些微细孔隙的空气被封堵在里面，防护剂无法全部渗入，相反半面浸泡法效果是最佳的，只是防护剂产品用量大，后期防护剂会有污染发生。

（5）背面防护

涂刷了防护剂的正面（装饰面）表面干燥后，即可进行翻板，翻板应轻翻轻放，不得损坏石材，依照原有架号码放，不应造成混乱，并清理背面。背面的防护剂应按要求选择，干挂石材可继续使用饰面型防护剂，而湿贴石材需要更换底面型防护剂。按正面的方法涂刷背面防护剂两遍。

（6）养护

防护剂施工后必须留有静置时间，选择阴凉、干燥、通风的地方进行，它是保证防护效果的重要步骤，静置时间须遵照使用说明书进行。养护期内石材不能接触水性、油性或其他污染物。

（7）整理

检查石材各防护面是否有漏刷或流淌痕迹，并用刀片清理干净，按架号或编号码放整齐。

4. 工程验收

① 防护剂的品种、型号、规格、性能应符合设计要求，防护剂的质量应符合《建筑装饰用天然石材防护剂》（JC/T 973）标准的规定。防护剂用于室内工程时其有害物质含量必须满足《民用建筑工程室内环境污染控制规范》（GB 50325）的规定。

② 饰面型防护剂的施工，不应改变石材原有的颜色、纹理、光泽，特殊装饰效果例外。

③ 渗透型防护剂渗入石材深度：花岗石≥1.5mm，大理石≥1.0mm，石灰石≥5mm，砂岩≥5mm，板石≥1.0mm。检验方法可以在经过防护处理的石材上取样，将试件浸入有色水中，观察侧面，检查防护剂的渗入深度。

④ 防护剂的涂刷应均匀，不得漏刷，待防护起效后，对石材进行泼水检测。石材铺装完成后，不能采用浸泡的方法进行防护剂施工后的检验。

⑤ 石材饰面表面无防护剂残留痕迹及粉尘。

⑥ 底面防护不得起皮，不得被锐物划伤。

⑦ 底面涂刷防护剂的石材与基层应粘结牢固。

7.3 石材结晶硬化处理

1. 综述

石材的结晶硬化处理最早是从国外引进的一种新技术，目的是提高大理石等石材表面硬度、耐磨性以及光亮程度等性能，其原理是将结晶材料通过研磨发热，与大理石表面的物质发生物理和化学变化，逐渐形成新的质地坚硬、光亮的结晶层，从而有效地保护石材，以弥补一部分石材品种结晶不好以及各种天然缺陷，提高软质大理石的耐磨性和硬度。

该工艺最早是作为一种翻新工艺使用，即对已使用过的且表面失去光泽的大理石表面打磨翻新处理后进行的增强和保护工艺，适用于用旧的无光泽的石材和软质石材。目前该工艺已经应用到大理石、石灰石、花岗石、人造石、水磨石、通体砖等产品领域，成为了地面石材安装后必做的处理工艺，并且与石材清洗、石材防护相结合，产生了一个新兴石材服务产业——石材应用护理行业，专门承担石材的清洗、防护、晶硬及打磨翻新等业务。但是由于行业刚刚兴起，技术、标准、管理制度还不完善，从业人员参差不齐，该方面的质量问题还是层出不穷，晶硬处理工艺还是应该选择有资质的专业队伍进行施工。

值得一提的是晶硬处理特别适合软质的大理石、石灰石类品种，可以有效地提高表面硬度和耐磨性，提高地面石材的使用寿命。一些质地坚硬的大理石，如西班牙米黄、莎安娜米黄、大花绿等，石材本身的结晶非常好，一般性使用场合不需要进行结晶硬化。如果将这些新铺装的坚硬大理石光面打磨掉再做晶硬处理，不能不说是一种工艺浪费，而且现场靠手动工具很难达到自动抛光线出来的平整度和光泽度。选择晶硬工艺还是要根据石材品种和施工工艺要求，合理地量力进行。

石材结晶硬化处理通常是和整体打磨工艺配套进行的，中间也掺杂着石材清洗和石材防护等工艺措施，目前市场上涌现出了一批质量过硬、技术精干的专业服务队伍，分别采用不同类型的晶硬粉和晶硬剂以及施工设备，具有相应的资质，能够完成所有石材结晶处理。

石材晶硬材料的形态有液体、粉体、浆体、颗粒体、纤维和片状体等，其中液体和浆体为主，统称为晶硬剂。晶硬剂目前市场上主要有 K 系列、NCL 系列、CR 系列和国产系列等四类石材晶硬剂。K 系列包括K1～K3，源于西班牙产品，K1（白色）适合深色石材和人造石，K2（粉红色）和 K3（琥珀色）适合米黄色石材。NCL 系列石材晶硬剂源于美国的产品，包括 NCL2501～NCL25022，按其操作手册进行，使用比 K 系列容易掌握，但其操作程序比较复杂。CR 系列源于西班牙的产品，品种较多，包括 CR-1～CR-15，其中还有特殊用途的品种，如 CR-3T、CR-9T 等，真正实用的是 CR-1、CR-2、CR-3。CR-1 既适用于大理石，也适用于花岗石，具有再结晶和清洁两重功效，特别适合新铺装和表面不干净的石材；CR-2 对于大理石和水磨石效果较佳，无需清洁的石材 CR-1 和 CR-2 可以混合使用；CR-3 适合浅色和白色大理石。国产系列如红宝石（ruby）、蓝宝石（sapphire）、白水晶、京石一号等是浙江大学石材研究室的产品，红宝石是一款广泛用于大理石、石灰石、板石和砂岩等石材的晶硬剂，特别适用于进口米黄系列，对其他色系的大理石也有明显的效果；蓝宝石是花岗石专用晶硬剂。

2. 材料要求

（1）晶硬剂、晶硬粉和保养液

根据设计要求针对石材的材质合理地选择大理石晶硬剂、花岗石晶硬剂、大理石晶硬粉和配套保养液、花岗石晶硬粉和配套保养液等产品。不能用抛光粉、抛光剂等代替。晶硬剂的使用应按照说明书正确使用。晶硬剂应有合格证、生产日期及使用说明书。进口产品应有中文说明（包括：产地、生产商、生产日期、使用说明、国内代理厂商等内容）。所选用晶硬剂、晶硬粉、配套保养液的有害物质含量应满足《民用建筑工程室内环境污染控制规范》（GB 50325）的规定。

（2）钢丝棉

分为 0♯、1♯ 普通钢丝棉和 1♯ 不锈钢钢丝棉等。钢丝棉不可有杂丝、杂质、生锈和发黑等现象。

（3）打磨垫

马毛垫、白垫、红垫。硬度应适合，不可掉色。

3. 施工前的准备与检查

① 石材墙地面要求平整，如有明显接缝高低差，应先做整体或局部研磨再做结晶硬化处理。石材墙地面要求缝隙密实，一般采用树脂基嵌缝处理。

② 石材墙地面要求干燥，一般新安装的石材应在基层及粘结层干燥后再做结晶硬化处理；整体或局部研磨后的石材要在 3～8 天干燥后再做结晶硬化处理；清洗后的石材应按照研磨后的石材对待。

③ 结晶硬化处理时，石材不得有缝隙不实、水渍、水斑或其他病症及各种深层污染，

若有，应在病症得到治疗后方可做结晶硬化处理。

④ 结晶硬化处理前的石材地面必须干燥、无污染、无灰尘、无粘结胶等。

⑤ 石材表面光泽度不低于 50 光泽单位。

4. 结晶硬化施工

结晶硬化主要工艺流程如图 7.3 所示。

图 7.3 结晶硬化主要工艺流程

选择晶硬剂时，模具上安装钢丝棉，在石材表面喷洒晶硬剂进行研磨；选择晶硬粉时，用水调成膏状，在模具上安装马毛垫，将晶硬膏压在马毛垫下研磨。

大理石地面结晶硬化工艺：将钢丝棉均匀的盘成打磨垫状，要求盘得平整、饱满，将盘好的钢丝棉打磨垫放于待结晶硬化处理的地面。将晶硬剂准备好，机器本身接线应全部放开并搭在操作工肩上，以免机器开动后被卷进转盘，然后安装针盘或尼龙搭扣盘，压在盘好的钢丝棉垫上，启动打磨机如正常即可进行结晶硬化处理。打磨不得少于 5 遍，直至达到结晶硬化效果。

大理石墙面结晶硬化工艺：将钢丝棉盘成小盘，用尼龙线穿好，以不散开为准，使用调速手抛机将速度调在 200r/min 以下，将盘好的钢丝棉盘压在手抛机打磨胶头下在石材表面上试机，以钢丝棉不脱出不散开为准。启动打磨机如正常即可进行结晶硬化处理。打磨不得少于 3 遍，直至达到结晶硬化效果。

花岗石地面的结晶硬化工艺：通过试验选择适用的 0♯ 或 1♯ 钢丝棉，白色花岗石应选用不锈钢丝棉，盘好待用。以下工作步骤同大理石地面晶硬工艺。

花岗石墙面结晶硬化工艺：选择好钢丝棉，参照大理石墙面晶硬工艺，在抛光机速度与压力上进行调整，直至达到晶硬效果。

使用晶硬粉进行结晶硬化工艺：通过预试验选择使用白垫、红垫（不可掉色）或马毛垫。选定的打磨垫要求干净，不可有沙尘和杂质。大理石晶硬粉用水稀释，呈膏状为佳。均匀压在打磨垫下，启动机器匀速打磨，打磨中可加少许清水，直至石材光亮出现晶硬效果。结晶硬化后必须用清水清洗和玻璃刮板刮干净。花岗石晶硬粉用晶硬剂调成糊状，均匀压在打磨垫下，打磨至光亮，出现结晶硬化效果即可。选择晶硬粉进行地面结晶硬化要保证防滑效果。

5. 质量要求

① 结晶硬化后表面镜向光泽度应有较明显的提高，没有磨损的新石材结晶硬化处理后的光泽度应该超过该石材的国家标准。有磨损失光现象的石材结晶硬化处理后应出现明显结晶硬化层，光泽度至少提高 10～15 光泽单位。

② 结晶硬化表面镜向清晰度应满足设计要求。

③ 结晶硬化处理不可改变石材颜色，表面无晶硬剂痕迹，无钢丝棉痕迹，无磨痕和划伤等，整体干燥、干净，光泽度、清晰度统一。

④ 结晶硬化表面应具有一定的防滑性。经过结晶硬化处理的石材表面防滑性应达到防滑标准。

6. 注意事项

① 结晶硬化表面交付使用后，要防止人为磨伤划痕，这种可能性应提前告知客户。

② 石材表面光泽度低于 50 光泽单位时，宜先做打磨抛光处理，再做结晶硬化处理；如直接靠结晶硬化处理来提高石材的光泽度、清晰度、耐久性，可能达不到预期的效果。

8 石材工程验收

8.1 地面工程质量验收

地面石材工程的验收应按照相关验收规范和设计要求进行检验批的划分、检验数量和检验方法进行，同时查验有关材料的检验报告、重要项目的复验报告、隐蔽工程的验收记录以及有关的资料和记录。

地面石材工程应一般要符合下列要求：

① 石材地面各层间应粘结牢固无空鼓。

② 石材面层应洁净、平整、无磨痕、划痕，且应图案清晰、色泽一致；缝隙均匀、顺直、勾缝深浅和颜色一致。

③ 拼花和镶边用料尺寸准确、边角切割整齐、拼接严密顺直，镶嵌正确，板面无裂纹、掉角、缺棱等缺陷。

④ 踢脚板结合牢固，出墙高度、厚度一致，上口平直；拼缝严密，表面洁净、颜色一致。

⑤ 楼梯踏步和台阶板的缝隙宽度应一致、齿角整齐，楼层梯段相临踏步高度差不应大于10mm，防滑条应顺直、牢固。

⑥ 面层表面的坡度应符合设计要求，不倒泛水、无积水；与地漏、管道结合处应严密牢固，无渗漏。

⑦ 石材地面的允许偏差应符合表8.1和表8.2的要求。

表8.1　石材地面面层的允许偏差和检验方法

项次	项　目	允许偏差（mm）				检验方法
		建筑板材	石材拼花	条石	块石	
1	表面平整度	1	3	10	10	用2m靠尺和塞尺检查
2	缝格平直	2	—	8	8	拉5m线和用钢尺检查
3	接缝高低差	0.5	—	2	—	用直尺和楔形塞尺检查
4	踢脚线上口平直	1	1	—	—	拉5m线和用钢尺检查
5	板块间隙宽度	1		5		用钢尺检查

表8.2　楼梯踏步铺贴允许偏差和检验方法

项次	项目	允许偏差（mm）		检验方法
		毛光板	毛面板	
1	表面平整度	1	1	用2m靠尺和塞尺检查
2	平面倾斜	0.5	1	用水平尺和塞尺检查
3	立面板垂直	0.5	0.5	用方尺和塞尺检查

8.2 墙面工程质量验收

石材墙面工程分为建筑幕墙和室内外饰面墙，工程的验收应按照相关验收规范和设计要求进行检验批的划分、检验数量和检验方法进行，同时查验有关材料的检验报告、重要项目的复验报告、隐蔽工程的验收记录以及有关的资料和记录。

1. 幕墙工程验收

幕墙工程应符合下列规定：

① 石材幕墙工程所用材料的品种、规格、性能和等级，应符合设计要求及国家产品标准和工程技术规范的规定。

② 石材幕墙的金属框架立柱与主体结构预埋件的连接、立柱与横梁的连接、连接件与金属框架的连接、连接件与石材面板的连接必须符合设计要求，安装必须牢固。

③ 金属框架和连接件的防腐处理应符合设计要求。

④ 石材幕墙的防雷装置必须与主体结构防雷装置可靠连接。

⑤ 石材幕墙的防火、保温、防潮材料的设置应符合设计要求。填充应密实、均匀、厚度一致。

⑥ 各种结构变形缝、墙角的连接节点应符合设计要求和技术标准的规定。

⑦ 石材表面和板缝的处理应符合设计要求。

⑧ 石材幕墙的板缝注胶应饱满、密实、连续、均匀、无气泡，板缝宽度和厚度应符合设计要求和技术标准规定。

⑨ 封闭式石材幕墙应无渗漏，开放式石材幕墙的内排水、防水构造应符合设计要求且排水通畅。

⑩ 石材幕墙表面应平整、洁净、无污染、缺损和裂痕。颜色和花纹协调一致，无明显色差，无明显修理痕。

⑪ 石材幕墙的压条应平直、洁净、接口严密、安装牢固。

⑫ 石材接缝应横平竖直、宽窄均匀，目视无明显弯曲扭斜；阴阳角石板压向应正确，板边合缝应顺直；凹凸线出墙厚度应一致，上下口应平直；石材面板上洞口、槽边应套割吻合，边缘应整齐，石材复合板的封边处理应符合设计要求。

⑬ 石材幕墙的密封胶的厚度应大于 3.5mm，胶缝应横平竖直、深浅一致、宽窄均匀、光滑顺直，胶缝外应无胶渍。

⑭ 石材幕墙上的滴水线、流水坡向应正确、顺直。

⑮ 有节能设计的幕墙工程，还应符合节能设计的要求。

⑯ 干挂石材板材安装到位后，横向构件不应发生明显的扭转变形，板块的支撑件或连接托板端头纵向位移应不大于 2mm。相邻转角板块的连接不应采用粘结方式。

⑰ 石材幕墙的面板宜采用便于各板块独立安装和拆卸的支撑固定系统，不推荐采用 T 型挂装系统。

⑱ 每平方米石材的表面质量应符合表 8.3 的要求。

⑲ 干挂石材挂装系统安装偏差应符合表 8.4 的规定。

⑳ 石材幕墙安装的允许偏差和检验方法应符合表 8.5 的规定。

表 8.3 每平方米石材的表面质量

项目	规　定　内　容
划伤	宽度不超过 0.3mm（宽度小于 0.1mm 不计），长度小于 100mm，不多于 2 条
擦伤	面积总和不超过 500mm²（面积小于 100mm² 不计）
缺棱、缺角	缺损深度小于 5mm，不多于 2 处

注：1. 石材花纹出现损坏的为划伤；

　　2. 石材花纹出现模糊现象的为擦伤。

表 8.4 石材幕墙挂装系统安装允许偏差

mm

项　　目		通槽长勾	通槽短勾	短槽	背卡	背栓	检测方法
托板（转接件）标高		±1.0				—	卡尺
托板（转接件）前后高低差		≤1.0				—	卡尺
相邻两托板（转接件）高低差		≤1.0				—	卡尺
托板（转接件）中心线偏差		≤2.0				—	卡尺
勾锚入石材槽深度偏差		+1.0 / 0				—	深度尺
短勾中心线与托板中心线偏差		—	≤2.0	—	—		卡尺
短勾中心线与短槽中心线偏差		—	≤2.0	—	—		卡尺
挂勾与挂槽搭接深度偏差		—	+1.0 / 0	—	—		卡尺
插件与插槽搭接深度偏差		—	+1.0 / 0	—	—		卡尺
挂勾（插槽）中心线偏差		—				≤2.0	钢直尺
挂勾（插槽）标高		—				±1.0	卡尺
背栓挂（插）件中心线与孔中心线偏差		—				≤1.0	卡尺
背卡中心线与背卡槽中心线偏差		—		≤1.0	—		卡尺
左右两背卡中心线偏差		—		≤3.0	—		卡尺
通长勾距板两端偏差		±1.0	—				卡尺
同一行石材上端水平偏差	相邻两板块	≤1.0					水平尺
	长度≤35mm	≤2.0					
	长度＞35mm	≤3.0					
同一列石材边部垂直偏差	相邻两板块	≤1.0					卡尺
	长度≤35mm	≤2.0					
	长度＞35mm	≤3.0					
石材外表面平整度	相邻两板块高低差	≤1.0					卡尺
相邻两石材缝宽（与设计值比）		±1.0					卡尺

表 8.5 石材幕墙安装的允许偏差和检验方法

项次	项 目		允许偏差（mm）		检验方法
			光面	麻面	
1	幕墙垂直度	幕墙高度≤30m	10		用经纬仪检查
		30m＜幕墙高度≤60m	15		
		60m＜幕墙高度≤90m	20		
		90m＜幕墙高度≤150m	25		
		幕墙高度＞150m	30		
2	单块石板上沿水平度		2		用1m水平尺和钢直尺检查
3	相邻板材板角错位		1		用1m水平尺和钢直尺检查
4	板材立面垂直度（层高）	层高≤3m	3		用经纬仪检查，或用靠尺和线坠检查
		层高＞3m	2		
5	幕墙表面平整度		2	3	用2m靠尺和塞尺检查
6	阴、阳角方正		2	4	用直角检测尺检查
7	横竖缝直线度（层高）		2.5		拉5m线，不足5m拉通线，用钢直尺检查
8	接缝高低差（按层）		1	—	用钢直尺和塞尺检查
9	接缝宽度（与设计值比）		+2	0	用钢直尺检查

2. 饰面墙工程验收

石材饰面墙工程应符合下列规定：

① 饰面工程所用材料的品种、规格、性能和等级，应符合设计要求及国家产品标准的规定。

② 饰面板安装方式应符合设计要求，预埋件（或后置螺栓）、连接件的数量、规格、位置、连接方法和防腐、防锈、防火、保温、节能处理必须符合设计要求。饰面板安装必须牢固。

③ 饰面板接缝、嵌缝做法应符合设计要求。

④ 饰面板表面平整、洁净、色泽一致，无划痕、磨痕、翘曲、裂纹和缺损；石材表面应无泛碱等污染。

⑤ 饰面板上的孔洞套割应尺寸正确、边缘整齐、方正，与电器盒盖交接严密、吻合。

⑥ 饰面板接缝应平直、光滑、宽窄一致、纵横交缝无明显错台错位；若使用嵌缝材料，填嵌应连续、密实，深度、颜色应符合设计要求。密缝饰面无明显缝隙，缝线平直。

⑦ 采用湿作业法施工的石材板饰面工程表面应无泛碱、水渍现象。石材板与基体之间的灌注材料应饱满、密实、无空鼓。

⑧ 组装式或有特殊要求饰面板的安装应符合设计及产品说明书要求，钉眼应设在不明显处，并尽量遮盖。

⑨ 饰面板安装的允许偏差和检验方法应符合表8.6的规定。

表 8.6　饰面板安装的允许偏差和检验方法

项次	项　目	允许偏差（mm）			检验方法
		光面	剁斧石	蘑菇石	
1	立面垂直度	2	3	3	用 2m 垂直检测尺检查
2	表面平整度	1	3	—	用 2m 靠尺和塞尺检查
3	阴阳角方正	2	4	4	用直角检测尺检查
4	接缝直线度	1	4	4	拉 5m 线，不足 5m 拉通线，用钢直尺检查
5	墙裙、勒脚上口直线度	1	3	3	拉 5m 线，不足 5m 拉通线，用钢直尺检查
6	接缝高低差	0.5	3	—	用钢直尺和塞尺检查
7	接缝宽度（与设计值比）	1	2	2	用钢直尺检查

8.3　吊顶及其他工程质量验收

1. 吊顶工程验收

同一品种的吊顶工程每 50 间（大面积房间和走廊按施工面积 30m^2 为一间）划分为一个检验批，不足 50 间也应划分为一个检验批。对于异形或有特殊要求的吊顶工程，检验批的划分应根据吊顶的结构、工艺特点及吊顶工程规模，由监理单位（或建设单位）和施工单位协商确定。每个检验批应至少抽查 10%，并不得少于 3 间，不足 3 间时应全数检查。

石材吊顶工程应符合下列规定：

① 吊顶工程所用材料的品种、规格、性能和质量等级，应符合设计要求及国家产品标准的规定，石板面层推荐采用轻质复合板材。

② 密封膏的耐候性、粘结性必须符合国家标准、规范的规定。

③ 石材吊顶的安装方法应符合设计要求，安装必须牢固，石板应有防脱落的措施、与托板龙骨应做软连接；石板与托板龙骨搭接宽度应大于龙骨受力面宽度的 2/3，并应能满足安全使用要求；槽口处的嵌条和石板及框应粘结牢固、填充密实。

④ 石材吊顶工程的表面应平整、洁净、色泽一致，无划痕、磨痕、翘曲、裂纹和缺损。

⑤ 石材吊顶工程的嵌缝应均匀一致，填充应密实饱满，无外溢污染；槽口的压条、垫层、嵌条与石板应结合严密，宽窄均匀；密缝的拼缝处应严密、吻合、平整。

⑥ 石材吊顶工程宜采用金属吊杆。金属吊杆、龙骨应进行表面防腐处理；木龙骨应进行防腐、防火处理；饰面板与明龙骨的搭接应平整、吻合；压条应平直，宽窄一致。

⑦ 吊顶内填充吸声材料的品种和铺设厚度应符合设计要求，并应有防散落措施。

⑧ 石板吊顶工程安装的允许偏差和检验方法应符合表 8.7 的规定。

表 8.7　石板吊顶工程安装的允许偏差和检验方法

项次	项　目	允许偏差（mm）		检验方法
		光面板	毛面板	
1	表面平整度	2	3	用 2m 靠尺和塞尺检查
2	接缝直线度	2	3	拉 5m 线，不足 5m 拉通线，用钢直尺检查
3	接缝高低差	1	1	用钢直尺和塞尺检查

2. 其他工程质量验收

石材防护和晶硬工程的验收以相同材料、工艺和施工条件的石材每 500～1000m² 划分为一个检验批，不足 500m² 也划分为一个检验批。有特殊要求的石材防护及晶硬工程，检验批的划分根据工艺特点及工程规模，由有关单位协商确定。每个检验批应至少抽查 10％，不应少于 50 块，不足 50 块应全数检查。防护和晶硬工程的其他要求可参考防护和晶硬施工中的内容。

地面架空施工安装工程的验收可参照地面工程验收内容，粘挂安装工艺和贴挂安装工艺可参考装饰墙面的有关验收内容。

9 石材保养与维护

9.1 石材日常维护保养

1. 综述

装饰石材安装使用后还需要定期进行检查、维护、保洁和保养，以保持天然石材的装饰效果，这就是日常维护保养的范畴。石材日常维护保养主要涉及以下内容：

① 对破损的板材及时更换；

② 对脱落或损坏的密封胶或密封胶条及时进行修补与更换；

③ 对石材幕墙的干挂件、连接部件松动、锈蚀或脱落的及时修补或更换；

④ 采取措施，尽可能避免天然石材遭受各种污染和处于恶劣的环境；

⑤ 石材遭受污染或出现各种病害时，及时进行清洗；

⑥ 根据石材应用状况和磨损情况，采用整体研磨技术解决高低差、地面不平和表面失光等问题；

⑦ 根据石材防护剂的应用情况和使用年限，及时补刷相应的防护剂；

⑧ 根据磨损情况，定期对做过晶硬处理的地面进行再结晶硬化处理，保持有效的结晶层和装饰效果；

⑨ 及时掌握地面防滑状况，必要时进行防滑处理；

⑩ 经常性地使用尘推等工具进行表面清洁。

2. 维护保养的一些具体措施

有效地控制污染物主要是针对水性、油性物质和外界带入的尘埃、沙粒、雨雪等污染物质进行，多采用三级地垫进行地面防控。大门的外部和内部进行一级、二级防控，室内重点区域，如卫生间、厨房、电梯厅、停车场、员工通道、防火通道、操作间等出入口，进行第三级防控。

石材遭受污染或出现病变时，应及时进行清理，具体清理方法参考石材清洗一节。石材出现的裂纹和缝隙时应及时修补，若出现难以修复或涉及安全等问题时，应彻底更换。石材的挂装系统和胶粘剂等辅助材料出现问题时，应及时修补或更换。石材的日常除尘多使用干式拖布进行，采用整体研磨技术进行打平、翻新作业，采用涂刷防护剂的方法对石材进行有效的保护，采用结晶硬化技术增强软质石材的表面硬度、耐磨性、防滑性和外观质量，具体方法参考相应的章节内容。

3. 注意事项

大理石、石灰石类石材的清洗推荐采用中性或弱碱性的含有表面活性剂配方的清洗剂清洗，花岗石类石材的清洗采用中性或一些弱酸性的去锈剂或弱酸性的含有表面活性剂配方的清洗材料来清洗，石材不能接触非中性的物质，也不能使用强酸、强碱性清洗剂清洗，否则都会造成石材的损坏。

石材不能使用蜡质材料进行维护保养，也不能长期覆盖杂物，容易造成污染和病变。石材防护剂绝非防水剂，也不是万能的，而且会有时效性，因此尽可能减少石材遭受污染的机会，让石材保持在通风干燥的状态，保持表面干净清洁，出现污染问题应及时进行处理。日常保洁或清理使用的尘推、拖布和毛巾切忌带水和带有较大的湿度时使用，避免石材产生病变、湿滑、脚印和灰蒙感等。

再结晶硬化时晶硬剂的选择最好定期轮换，并且与前面所用的晶硬剂相兼容。石材防护剂的选择要注意品质，最好选用同型号的产品进行补刷，或者兼容的防护剂施工，否则需要清除原有的防护层才能再涂刷新防护剂。

4. 石材幕墙的安全性评估

石材幕墙工程竣工验收后一年时，应进行一次全面的检查，此后每五年应检查一次。检查的项目应包括：

① 幕墙整体有无变形、错位、松动，如有其一则应对该部位对应的隐蔽结构进行进一步检查，幕墙的主要受力构件、连接件和连接螺栓等是否损坏、连接是否可靠、有无锈蚀等；

② 石材板材有无开裂、损坏或松动等问题；

③ 密封胶有无脱胶、开裂、起泡，密封胶条有无脱落、老化等损坏现象；

④ 幕墙排水系统是否通畅，开放式幕墙的防水系统是否损坏或失效；

⑤ 背部连接的石材幕墙，其连接装置是否松动、损坏。

每两年应对幕墙石材的防护层进行检查，通过在雨后对幕墙石材的防水性能做出评估，防水能力下降时应及时按规定进行重新涂刷。

幕墙工程使用十年后，应对不同部位的硅酮结构密封胶和环氧树脂胶粘剂进行粘结性能的抽样检查；此后宜三年至少检查一次。

石材幕墙遭遇强风袭击后，应及时进行全面的检查、修复或更换损坏的构件。石材幕墙遭遇地震、火灾后，应由专业技术人员进行全面的检查，并根据损毁程度制定处理方案，及时处理。

检查发现局部少量的问题应及时进行维修或更换，问题普遍或严重时应聘请有关专家进行论证，评估石材工程的安全性能和相应措施。

9.2 石材易出现的各种病变、成因和护理方法

石材病变是指石材安装使用以后，由于各种自然因素或人为因素造成石材出现水斑、白华、锈斑、油斑、盐斑、水渍、有机色斑等污染现象，以及光泽度下降、褪色、起甲、粉化等老化现象，从而影响石材外观、内在品质和使用功能。本节主要介绍石材常见的病变种类及产生原因和主要解决方法。

1. 水斑

水斑是指水或吸湿性物质渗入石材内部后，使石材表面产生的不易自然干燥的湿痕。

水斑产生的原因要从三个方面去找：一是材料本身的原因，如孔隙率比较高的石材品种，吸水率也比较大，更容易吸收水分出现问题；二是防护剂和防护施工的问题，是否使用了劣质防护剂，防护剂型号是否与工程所使用的石材品种适合，以及防护施工过程是否按要求进行等；三是外界因素，包括基层的防水处理情况，找平层和粘结层是否存在过多的水分，清洗工艺、整体研磨和日常维护时是否有水性物质长时间浸泡过，工程是否有雨水长期侵蚀，以及是否有碱性吸湿性物质渗入到石材中等原因。

在分析了以上的各种情况，找出可能出现的原因，加以控制，解决水斑的源头污染问题，才能彻底控制水斑。已渗入石材的水性物质，可以通过清洗工艺进行清除，问题不严重时，采用自然风干法逐步消除。

结合工程中的实际经验，在预防和解决水斑等问题方面应注意以下方面的事项：

① 选择石材品种时应优先选择致密性好、吸水率低的品种，尤其是采用普通水泥砂浆粘贴施工时更应该注重石材品种的选择。

② 石材防护剂的选择要与工程具体的石材品种相配合，没有工程实际经验的应用可以采用小范围使用或在实验室数据验证的基础上再大面积使用。防护剂的施工应严格按照要求进行，必要时应加强监督检查工作，确保有效防护。

③ 工程所在地区地下水丰富时需做好基层的防水处理。

④ 找平层的水泥、沙石和水的配比要避免多余的水分存在。

⑤ 粘结层推荐采用专用水泥基胶粘剂，并严格按照配比进行拌合。如采用普通水泥砂浆时，也应严格控制水的比例，避免多余的水分散发。

⑥ 清洗过程和整体研磨时应做好防护和防渗措施，并及时清除水性物质。日常维护和保养时避免水性物质接触石材，出现意外时应及时清除。

⑦ 铺贴施工底层水分过大时，或者地面出现浸水事故时，应打开全部的接缝，采用自然干燥或人工加速干燥排空地面水汽，有地暖的地面利用地暖作用加速完成水汽的排空。确认地面不再有湿气上升后，方可进行填缝处理，填缝材料推荐使用专用的填缝剂。

⑧ 室内浴室、浴池、泳池等长期处于水环境的场所，以及室外大面积广场需要长期处于雨水的侵蚀作用的场所，所使用的石材因防护剂的局限性，无法保证长期百分之百的防水作用，不仅不能很好地避免水性物质的浸入，反而会阻碍水分的正常排除，建议选用致密性好的石材品种不进行防护处理，回归自然界的干湿和自然呼吸状态。

2. 白华

白华是指可溶性物质通过石材内部的毛细孔或石材之间的接缝到达石材表面，干燥后留下的白粉状物质。

白华的产生依赖两个方面：一方面是有盐碱物质存在，第二个方面是有载体的输送。盐碱物质主要来自于基层、水泥基胶粘剂和填缝材料，基层盐碱有处理基层时留下的石灰等材料，也有土壤中含有的大量盐碱物质，如建在河滩上面的广场等；水泥中的碱性物质主要来自找平层、粘结层；填缝材料，如水泥基填缝剂、白水泥、石膏等，含有大量的盐碱物质。盐碱物质的载体主要是指水，水斑干燥后往往会留下盐碱印迹。

处理此类病害也重点在两方面：阻断水的输送功能，减少盐碱物质的存在。第一方面的处理措施与水斑预防相同，此处不再重复。第二方面的措施主要是选择低碱水泥和专业的胶粘剂、填缝剂；盐碱地面基层要做相应的处理，避免翻浆；不可采用白水泥、石膏等材料进行填缝等。

3. 锈斑

锈斑是指含铁物质与环境中的化学物质发生反应，在石材表面形成的黄色或黄褐色的斑迹。

锈斑产生的原因主要有三个方面：一方面是石材本身含有一定量的铁元素，在潮湿的环境下与空气接触被氧化生成铁锈，随着水分在岩石微孔中扩散和表面挥发，使黄锈斑逐渐渗开，造成岩石表面的不均匀扩散状的黄褐色；第二方面是石材开采、加工、运输、安装、清理等过程中铁物质的残留或铁锈的直接浸入，在自然状态下逐渐氧化和扩散，产生黄锈斑；第三方面是使用酸性材料清洗石材以后造成的铁元素渗入或残留的酸性材料对岩石中铁物质的腐蚀。

锈斑防治的重点是做好石材的防护工作，减少被潮湿空气、酸雨等的氧化作用。减少石材开采、加工、运输、安装、清理等过程中与铁物质的接触机会，尽可能采用无污染的衬垫，经机械加工后的石材应及时清理表面。不使用强酸、强碱性材料清洗石材，弱酸性材料清洗、打磨完石材应及时清除残余。出现锈斑应使用专业的清洗方法进行去除，干燥后及时补刷防护剂等防护措施。

4. 油斑

油斑是指含油脂的物质渗入石材表面层形成的斑痕，常常会自动吸附灰尘形成油污斑。

油斑形成的主要原因是外界物质的渗入，有加工过程中的机油、润滑油，有应用中的食用油，施工安装过程中的树脂胶渗出油性物质等。此类病害的防治重点是做好石材防护，减少接触机会，及时进行清除。对于有油污的场所，可在石材表面涂刷防油型防护剂。树脂胶粘剂的选用应使用石材专用型，不污染石材的产品。出现油污污染的地方，及时进行专用清洗防护。

5. 其他有机色斑

其他有机色斑主要是指各种含色素的有机物渗入石材后形成的有色斑痕，如湿的草绳、纸箱渗入的草绳黄，茶水、咖啡、酱油、果汁等带色素的溶液渗入的有色斑痕，有色颜料、墨水、记号笔的印迹，以及微生物分泌液或遗存物质等。这些情况都是石材应用过程中需要接触到的物质，主要防治方法也是要做好石材防护，减少与这些物质接触机会，出现问题时需要及时进行清除等。

9.3 石材整体研磨

1. 综述

石材翻新是将使用旧的、脏的或表面失去光泽的石材进行整体研磨，重现天然石材靓丽的特征，如同新的石材一般，这是其他建筑装修材料不可比拟的特性。石材整体研磨目前已不是简单地进行打磨的工艺，而是伴随着石材清洗、防护和晶硬等多种工序的综合型服务工作，全方位地为石材的美化和保护做贡献，形成了一个巨大的产业——石材应用护理。随着我国石材的应用越来越广，石材工程的后期服务需求也突飞猛增，该产业具有广泛的发展前景，需要多方面的重视和规范加以促进。

石材整体研磨除了应用在既有工程的翻新外，也适合作为一种石材施工过程的补充，可以有效地弥补施工的不足，降低石材生产和施工时的要求，有利于提高施工进度和效率。此类工程的石材在加工阶段可不进行抛光或采用低光泽板材，安装时可适当放宽高低差问题。当然也应尽可能调整好平整度，不宜有太大的剪口，否则打磨时的劳动强度过大，磨损厚度加大，整体平整度不好。整体打磨时的压力毕竟有限，尤其是墙面施工难度更大，其抛光效果远不如企业自动抛光线，因此选择此类工艺应慎重，综合利弊。

2. 材料要求

（1）菱钴型复合磨块和树脂型磨块

根据工程质量要求，科学地、有针对性地选择大理石配套磨料、花岗石配套磨料等产品。不可用翻新浆等产品代替。研磨料应有合格证、生产日期及使用说明书，进口产品应有中文说明（包括：产地、生产商、生产日期、使用说明、国内代理厂商等内容）。所选用磨料的有害物质含量，应满足《民用建筑工程室内环境污染控制规范》(GB50325)的规定。研磨料应具有非常好的磨削力和优异的抛光性能。研磨料应严格按照说明书使用。

（2）嵌缝材料

应选用树脂基嵌缝剂，嵌缝剂不可污染石材，应容易调配颜色，且具有优异的抛光性能。

（3）有关机具

研磨机宜选用质量200kg以上，转速400～1200r/min，功率5.5～7.5kW的桥式研磨机。以及可调速的手提式研磨机、小型圆盘机、台阶研磨机、石材切割机、吸水吸尘两用机。工具应准备平铲刀、毛巾、塑料膜、美纹纸、胶带、电线及转换插头、水桶、玻璃水刮、扁铲、刀片等。

3. 施工前的准备与检查

① 石材养护期的检查：铺装后的石材常温下至少要养护7天以上（冬期施工时养护期不小于14天），才能做整体研磨处理，否则整体研磨容易出现空鼓、断裂等现象。

② 对石材地面平整度、空鼓、裂缝、缺边掉角等进行检查，应达到验收标准。

③ 永久性深层污染必须更换石材，石材现有病症，应事先进行处理。

④ 在石材洁净干燥的情况下，采用有机硅类石材防护剂在石材表面涂刷两遍。

4. 施工要求

整体研磨施工工艺流程一般如图9.1所示。

研磨施工前应对邻近周边的物体用80cm以上的保护膜进行相邻成品防护，特别是木制品、涂料墙面不得有污染或被浸泡的情况。特殊部位如落地玻璃、干挂石材落地墙面等需作硬质保护，以保证研磨施工中不对周边物体造成损坏和污染。检查需要做整体研磨的地面，符合施工要求。

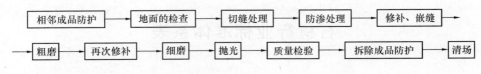

图 9.1　整体研磨施工工艺流程

板缝不均匀可进行切缝处理，一般要求切片厚度在 1.2mm 以内，切出的缝隙最大不超过 2mm。如前期防护不到位，应进行防渗处理，参照防护剂防渗施工处理的相关标准执行。

嵌缝材料要使用树脂基、易调色、抗污染、牢固性和可抛光性的材料。嵌缝时要用刀具将石材缝隙处的砂浆杂物清除并用毛刷、吸尘器将粉尘彻底清除干净。嵌缝深度达到 3mm 以上，嵌缝施工时嵌缝材料固化后应高出板材表面，距 2～3m 处目视，嵌缝处不得留有明显的嵌缝痕迹，嵌缝材料与石材颜色相接近。

地面石材的粗磨：使用桥式现场地面石材研磨机，菱钻土磨块的 46 目、60 目对地面石材进行粗磨处理，使整个被整体打磨石材地面的接缝、高低差、划痕、翘曲变形现象完全消除。

地面石材细磨：使用 120 目、220 目中度金刚砂颗粒的菱钻土磨块对粗磨后的地面石材进行打磨，以消除粗磨留下的痕迹。用 400 目、800 目细度金刚砂的树脂磨块对上一步进行处理，以消除 120 目、220 目打磨的痕迹，石材出现明显光洁度。此时石材慢慢恢复原来的颜色。

地面石材抛光：使用 1200 目的抛光树脂磨块对细磨后的地面石材进行打磨抛光处理，石材进一步提高光洁度。用树脂磨块最后一个抛光目 10LG 对石材进行最后一道抛光处理，将地面石材抛至高光效果且将打磨抛光后的石材达到石材出厂时的色泽。

对研磨后的地面石材进行再次修补处理：待研磨后的地面石材表面完全干燥后（24h 后），方可进行二次修补处理。使用石材专用修补、嵌缝剂，对由于研磨后部分缝隙修补、嵌缝剂不饱满或脱落的区域进行二次修补，使缝隙及崩边掉角处达到平整、饱满的效果。

整体研磨后的成品应进行保护：

① 研磨后的地面石材在 5℃以上，要保持石材通风 3～7 天，使研磨时石材表层吸收的水分完全的挥发。

② 如遇严重交叉施工时，应用硬质材料进行保护，直至结晶硬化处理完毕。

5. 质量要求

① 地面石材整体研磨后的平整度：在施工范围内整体平整度 0.5mm。检验方法：用直线度公差为±0.2mm 的 2m 靠尺，被测面应离墙、柱或其他阻挡物 20cm 以外进行。

② 地面整体研磨后的镜面光泽度可用镜向数字光泽度仪按标准板调试准确后进行，应达到国家有关产品的光泽度要求或设计要求。

③ 仿古面的光泽度及凸凹度：整体研磨后仿古面的光泽度从侧面迎光观察呈丝光状态，正面没有光泽度；凸凹度可根据用户的要求先试小样，双方协议按样执行，一般密度均匀的石材不适宜做仿古处理，否则效果不明显。

附录 A

石材行业标准体系表

序号	项目名称	项目编号	级别	性质	类别	状态	采用国际国外标准编号	代替标准号
1	天然石材试验方法 第1部分：干燥、水饱和、冻融循环后压缩强度试验	20110569-T-609	国标	推荐	方法	报批中	ASTM C170/C170M—09	GB/T 9966.1—2001
2	天然石材试验方法 第2部分：干燥、水饱和、冻融循环后弯曲强度试验	20110570-T-609	国标	推荐	方法	报批中	ASTM C880/C880M—09 EN 12372：2006	GB/T 9966.2—2001
3	天然石材试验方法 第3部分：吸水率、体积密度、真密度、真气孔率试验	20110571-T-609	国标	推荐	方法	报批中	ASTM C97/C97M—09	GB/T 9966.3—2001
4	天然石材试验方法 第4部分：耐磨性试验	20110572-T-609	国标	推荐	方法	报批中	ASTM C241/C241M—09 EN 14157：2004	GB/T 9966.4—2001
5	天然石材试验方法 第5部分：硬度试验	20110573-T-609	国标	推荐	方法	报批中	EN 14205：2003	GB/T 9966.5—2001
6	天然石材试验方法 第6部分：耐酸性试验	20110574-T-609	国标	推荐	方法	报批中	EN 13919：2002	GB/T 9966.6—2001
7	天然石材试验方法 第7部分：石材挂件组合单元挂装强度试验	20110575-T-609	国标	推荐	方法	报批中	ASTM C1354/C1354M—09	GB/T 9966.7—2001
8	天然饰面石材试验方法 第8部分：用均匀静态压差检测石材挂装系统结构强度试验方法	GB/T 9966.8—2008	国标	推荐	方法	继续有效		
9	天然石材试验方法——（通过测量共振基本频率）测定动力弹性模数	20080856-T-609	国标	推荐	方法	报批中	EN 14146：2004	
10	天然石材试验方法——挂件组合单元抗震性能的测定	20080857-T-609	国标	推荐	方法	报批中		
11	天然石材试验方法——激冷激热加速老化强度测定	20080858-T-609	国标	推荐	方法	报批中	EN 14066：2003	
12	天然石材试验方法——静态弹性模数的测定	20080859-T-609	国标	推荐	方法	报批中	EN 14580：2005	
13	天然石材试验方法——毛细吸水系数的测定	20080860-T-609	国标	推荐	方法	报批中	EN 1925：99	
14	天然石材试验方法——耐断裂能量的测定	20080861-T-609	国标	推荐	方法	报批中	EN 14158：2004	

序号	项目名称	项目编号	级别	性质	类别	状态	采用国际国外标准编号	代替标准号
15	天然石材试验方法——耐盐雾老化强度测定	20080862-T-609	国标	推荐	方法	报批中	EN 14147：2005	
16	天然石材试验方法——线性热膨胀系数的测定	20080863-T-609	国标	推荐	方法	报批中	EN 14581：2004	
17	天然石材试验方法——盐结晶强度的测定	20080864-T-609	国标	推荐	方法	报批中	EN 12370：1999	
18	天然石材试验方法——岩相分析	20080865-T-609	国标	推荐	方法	报批中	EN 12407：2000	
19	天然石材术语	GB/T 13890—2008	国标	推荐	基础	继续有效	ASTM C119-05	
20	天然石材统一编号	GB/T 17670—2008	国标	推荐	基础	继续有效	EN 12440：2000	
21	建筑装饰石材产品有毒有害物质限量	20080855-Q-609	国标	强制	基础	征求意见		
22	合成石术语及分类	20112057-T-609	国标	推荐	基础	征求意见	EN 14618：2005	
23	天然板石	GB/T 18600—2009	国标	推荐	产品	继续有效	ASTM C629-03、ASTM C406-05	
24	天然花岗石建筑板材	GB/T 18601—2009	国标	推荐	产品	继续有效	ASTM C615-03	
25	天然大理石建筑板材	20110568-T-609	国标	推荐	产品	审议中	ASTMC503/C503M-10 ASTMC1526-08	GB/T 19766—2005
26	天然砂岩建筑板材	GB/T 23452—2009	国标	推荐	产品	继续有效	ASTM C616-03	
27	天然石灰石建筑板材	GB/T 23453—2009	国标	推荐	产品	继续有效	ASTM C568-03	
28	卫生间用天然石材台面板	GB/T 23454—2009	国标	推荐	产品	继续有效		
29	干挂石材用金属挂件	20080853-Q-609	国标	强制	产品	审议中		JC 830.2—2005
30	干挂饰面石材	20080854-Q-609	国标	强制	产品	审议中		JC 830.1—2005
31	超薄石材复合板	GB/T 29059—2012	国标	推荐	产品	继续有效		JC/T 1049—2007

序号	项目名称	项目编号	级别	性质	类别	状态	采用国际国外标准编号	代替标准号
32	天然石材护理剂	20082073-T-609	国标	推荐	产品	审议中		JC/T 973—2005
33	石材工业用设备术语和分类及型号编制方法	20100971-T-609	国标	推荐	基础	征求意见		
34	金刚石圆锯片基体	20082070-T-609	国标	推荐	产品	审议中		
35	人造石建筑板材	20130904-T-609	国标	推荐	产品			
36	合成石试验方法——密度和吸水率的测定	20130898-T-609	国标	推荐	方法		EN 14617-1：2005	
37	合成石试验方法——弯曲强度的测定	20130899-T-609	国标	推荐	方法		EN 14617-2：2004	
38	合成石试验方法——防滑性能的测定		国标	推荐	方法		EN 14617-3	
39	合成石试验方法——耐磨性能的测定	20130901-T-609	国标	推荐	方法		EN 14617-4：2005	
40	合成石试验方法——抗冻融性能的测定		国标	推荐	方法		EN 14617-5：2005	
41	合成石试验方法——抗热激变性能的测定	20130902-T-609	国标	推荐	方法		EN 14617-6：2005	
42	合成石试验方法——耐老化的测定		国标	推荐	方法		EN 14617-7	
43	合成石试验方法——挂装强度的测定		国标	推荐	方法		EN 14617-8	
44	合成石试验方法——冲击强度的测定	20130903-T-609	国标	推荐	方法		EN 14617-9：2005	
45	合成石试验方法——耐化学侵蚀的测定		国标	推荐	方法		EN 14617-10：2005	
46	合成石试验方法——线性热膨胀系数的测定		国标	推荐	方法		EN 14617-11：2005	
47	合成石试验方法——尺寸稳定性的测定		国标	推荐	方法		EN 14617-12：2005	
48	合成石试验方法——抗电学性能的测定		国标	推荐	方法		EN 14617-13	

序号	项目名称	项目编号	级别	性质	类别	状态	采用国际国外标准编号	代替标准号
49	合成石试验方法——表面硬度的测定		国标	推荐	方法		EN 14617-14	
50	合成石试验方法——抗压强度的测定	20130900-T-609	国标	推荐	方法		EN 14617-15：2005	
51	合成石试验方法——规格板材尺寸、几何性能和表面质量的测定		国标	推荐	方法		EN 14617-16：2005	
52	合成石试验方法——耐生物性能的测定		国标	推荐	方法		EN 14617-17	
53	合成石试验方法——耐污染性能的测定		国标	推荐	方法			
54	合成石试验方法——耐高温性能的测定		国标	推荐	方法			
55	石材工艺美术品分类及术语		国标	推荐	基础			
56	石材工业用桥式磨抛机技术条件		国标	推荐	产品			
57	石材锯切加工中心技术条件		国标	推荐	产品			
58	石材手扶式磨抛机技术条件		国标	推荐	产品			
59	机械用矿物聚酯复合材料		国标	推荐	产品			
60	石材专用叉装机		国标	强制	产品			
61	石材用桅杆式起重机		国标	强制	产品			
62	石材用塔式起重机		国标	强制	产品			
63	臂式锯切机		国标	推荐	产品			
64	金刚石串珠锯切机		国标	推荐	产品			
65	组合式锯石机		国标	推荐	产品			
66	薄板带锯分切机		国标	推荐	产品			
67	电脑雕刻机		国标	推荐	产品			
68	电脑仿形机		国标	推荐	产品			
69	石材地面研磨翻新机		国标	推荐	产品			
70	石材地面护理机		国标	推荐	产品			
71	天然大理石荒料	JC/T 202—2011	行标	推荐	产品	继续有效	ASTM C503-05 ASTM C1526-03	JC/T 202—2001
72	天然花岗石荒料	JC/T 204—2011	行标	推荐	产品	继续有效	ASTM C615-03	JC/T 204—2001
73	加工非金属硬脆材料用节块式金刚石圆锯片	2007年行标计划	行标	推荐	产品	征求意见		JC/T340—1992(1996)

序号	项目名称	项目编号	级别	性质	类别	状态	采用国际国外标准编号	代替标准号
74	加工非金属硬脆材料用节块式金刚石框架锯条	2007 年行标计划	行标	推荐	产品	征求意见		JC/T 470—1992（1996）
75	干挂饰面石材及其金属挂件　第1部分：干挂饰面石材	JC/T 830.1—2005	行标	强制	产品	转为国标	ASTM C568-99 ASTM C616-99	
76	干挂饰面石材及其金属挂件　第2部分：金属挂件	JC/T 830.2—2005	行标	强制	产品	转为国标		
77	异型装饰石材　第1部分：球体	2007 年行标计划	行标	推荐	产品	修订		JC/T 847.1—1999
78	异型装饰石材　第2部分：花线	2007 年行标计划	行标	推荐	产品	修订		JC/T 847.2—1999
79	异型装饰石材　第3部分：实心柱体	2007 年行标计划	行标	推荐	产品	修订		JC/T 847.3—1999
80	建筑装饰用微晶玻璃	2006 年行标计划	行标	推荐	产品	修订		JC/T 872—2000
81	人造石	JC/T 908—2013	行标	强制	产品	继续有效		JC 908—2002
82	天然花岗石墓碑石	JC/T 972—2005	行标	推荐	产品	继续有效		
83	建筑装饰用天然石材防护剂	JC/T 973—2005	行标	推荐	产品	转为国标		
84	超薄天然石材型复合板	JC/T 1049—2007	行标	推荐	产品	转为国标		
85	地面石材防滑性能等级划分及试验方法	JC/T 1050—2007	行标	推荐	方法	继续有效		
86	装饰石材露天矿山技术规范	JC/T 1081—2008	行标	推荐	管理	继续有效		
87	石材砂锯用合金钢砂	JC/T 2086—2011	行标	推荐	产品	继续有效		
88	建筑装饰用仿自然面艺术石	JC/T 2087—2011	行标	推荐	产品	继续有效		
89	天然石材装饰工程技术规程	JCG/T 60001—2007	行标	推荐	管理	继续有效	ASTM C1242-05 BS 8298：1994	
90	石材马赛克	JC/T 2121—2012	行标	推荐	产品	继续有效		

序号	项目名称	项目编号	级别	性质	类别	状态	采用国际国外标准编号	代替标准号
91	石雕石刻制品	JC/T 2192 —2013	行标	推荐	产品	继续有效		
92	天然板石材壁炉	2009—2107T —JC	行标	推荐	产品	审议中		
93	石材行业清洁生产技术要求	2009—2855T —JC	行标	推荐	管理	报批中		
94	石材加工生产安全要求	JC/T 2203 —2013	行标	推荐	管理	报批中		
95	超薄石材复合板工艺技术规范	2010—0604T —JC	行标	推荐	管理	征求意见		
96	天然石材墙地砖	2010—0605T —JC	行标	推荐	产品	征求意见		
97	石材应用护理技术要求		行标	推荐	管理	申请中		
98	切割石材用循环水技术规范		行标	推荐	管理			
99	石材矿石开采环保技术要求		行标	推荐	管理			
100	石材企业生产管理技术规范		行标	推荐	管理			
101	装饰石材矿山排土场技术要求		行标	推荐	管理			
102	天然石粉综合利用技术要求		行标	推荐	管理	申请中		
103	天然石材窗台板		行标	推荐	产品			
104	天然石材淋浴盆		行标	推荐	产品			
105	天然石材楼梯踏步		行标	推荐	产品			
106	石材修补增强剂		行标	推荐	产品			
107	石材清洗剂		行标	推荐	产品			
108	石材保温复合板		行标	推荐	产品			
109	天然石材砌筑石		行标	推荐	产品			
110	石材矿石生产管理技术规范		行标	推荐	管理			

我国天然石材品种名称、代号和产地

省、自治区、直辖市	中文名称	英文名称	统一编号	产地
北京市	房山汉白玉	Fangshan Hanbaiyu	M1101	房山高庄
	房山艾叶青	Fangshan Aiyeqing	M1102	房山石窝
	房山黄山玉	Fangshan Huangshanyu	M1103	房山
	房山白	Fangshan White	M1104	房山
	房山砖渣	Fangshan Zhuanzha	M1105	南尚乐
	房山次白玉	Fangshan Ordinary White	M1106	长沟镇
	房山桃红	Fangshan Peach Red	M1107	霞云岭
	房山螺丝转	Fangshan Luosizhuan	M1110	南尚乐
	延庆晶白玉	Yanqing Jingbaiyu	M1111	延庆
	房山芝麻白	Fangshan Sesame White	M1112	南尚乐
	霞云岭青板石	Xiayunling Dark Green Slate	S1115	霞云岭
	房山青白石	Fangshan Qingbaishi	M1116	房山石窝
	霞云岭锈板石	Xiayunling Rusty Slate	S1118	霞云岭
	房山银晶	Fangshan Yinjing	M1130	房山岳各庄
	白虎涧红	Baihujian Red	G1151	阳坊
	密云桃花	Miyun Peach Blossom	G1152	密云
	延庆青灰	Yanqing Blue-Gray	G1153	延庆
	房山灰白	Fangshan Shallow White	G1154	房山
	房山瑞雪	Fangshan Auspicious Snow	G1156	房山
	北京樱花	Beijing Red	G1157	门头沟
	霞云岭粉红板石	Xiayunling Red Slate	S1188	霞云岭
河北省	平山龟板玉	Pingshan Guibanyu	G1301	平山
	平山绿	Pingshan Green	G1302	平山
	平山柏坡黄	Pingshan Baipo Yellow	G1303	平山
	易县黑	Yixian Black	G1304	邑县
	涿鹿樱花红	Zhuolu Cherry Blossom Pink	G1305	涿鹿
	承德燕山绿	Chengde Yanshan Green	G1306	承德
	青龙长城红	Qinglong Great Wall Red	G1307	青龙
	青龙红豆花	Qinglong Red Bean Blossom	G1308	青龙
	青龙紫罗兰	Qinglong Violet	G1309	青龙
	青龙燕山红	Qinglong Yanshan Red	G1310	青龙
	青龙玛瑙花	Qinglong Agate Blossom	G1311	青龙
	青龙都山白	Qinglong Dushan White	G1312	青龙

省、自治区、直辖市	中文名称	英文名称	统一编号	产地
	青龙满江红	Qinglong River Red	G1313	青龙
	青龙白麻	Qinglong White Hemp	G1314	青龙
	青龙幻彩绿	Qinglong Illusion Green	G1315	青龙
	青龙祖山青	Qinglong Zushan Blue	G1316	青龙
	太行墨玉	Taihang Dark Jade	G1318	阜平
	曲阳锈石	Quyang Rust Stone	G1319	曲阳
	青龙玉	Qinglong Jade	M1320	青龙
	唐山彩	Tangshan Color	M1321	迁西
	唐山五彩	Tangshan Five Colors	M1322	迁西
	珠峰黄	Everest Yellow	M1323	河北
	云彩	Cloud Colour	M1324	河北
	承德七彩玉	Chengde Colour	M1326	承德
	巍山金钻	Weishan Golddiamond	L1329	唐山
	蝴蝶绿	Butterfly Green	G1330	河北
	森林绿	Forest Green	G1331	河北
	沙漠绿洲	Oasis	G1332	承德
	天然绿	Natural Green	G1333	河北
河北省	西湖垂柳	Willow Green	G1334	河北
	蓝豹	Blue Leopard	G1335	承德
	麒麟棕	Kylin Brown	G1336	河北
	燕山兰	Yanshan Blue	G1337	河北
	黑白麻	Black-White Grain	G1338	河北
	河北黑	Hebei Black	G1339	河北
	海底红	Haidi Red	M1340	河北
	河北玛瑙红	Hebei Agate Red	G1351	河北
	燕山黄	Yanshan Yellow	G1352	河北
	翠香槟	Green Champagne	G1353	河北
	小三花	Three Fine Grain	G1354	河北
	大三花	Three Coarse Grain	G1355	河北
	沙花红	Shahua Red	G1356	河北
	康保红	Kangbao Red	G1357	河北
	燕山蓝钻	Yanshan Blue Diamond	G1358	河北
	阜平绿	Fuping Green	G1359	河北
	万年青	Evergreen	G1360	河北
	雪花梨	Snowflake Pear	G1361	河北

省、自治区、直辖市	中文名称	英文名称	统一编号	产地
河北省	芝麻黑	Sesame Black	G1362	河北
	青龙石	Dynasty Jade	G1363	张家口
	月牡丹	Moon Peony	G1364	张家口
	海潮石	Sea Wave	G1365	张家口
	皇家金黄	Royal Gold	M1366	张家口
	红洞石	Red Travertine	G1367	平山
	巴兰珠	Balanzhu	G1368	承德
	崆山五彩	Kongshan Colour	G1372	临城
	南沟黑	Nangou Black	G1373	临城
山西省	北岳黑	North Mountain Black	G1401	大同
	灵丘贵妃红	Lingqiu Guifei Red	G1402	灵丘
	恒山青	Hengshan Black	G1403	浑源
	广灵象牙黄	Guangling Ivory Yellow	G1404	大同
	灵丘太白青	Lingqiu Taibaiqing	G1405	灵丘
	灵丘山杏花	Lingqiu Apricot Blossom	G1406	灵丘
	代县金梦	Daixian Jinmeng	G1407	代县
	玉钻麻	Green Diamond Hemp	G1408	宁武
	蝶彩绿	Butterfly Colored Green	G1409	宁武
	随州绿	Suizhou Green	G1410	山西
	翡翠蓝	Jade Blue	G1411	山西
	夜玫瑰	Dark Rose	G1412	代县
	牡丹白	Peony White	G1413	山西
	黑麻点	Sesame Black	G1415	山西
	应山红	Yingshan Red	G1416	应县
	金沙黑	Goldern Sand Black	G1417	应县
	黑金蓝钻	Black Diamond	G1419	广灵
	右玉黄金麻	Youyu Yellow Gneiss	G1420	右玉
	富贵红	Rich Red	M1421	山西
	洪涛山天锦凰	Golden Land	M1423	朔州
	皇室彩玉	Huangshicaiyu	M1425	交城
	平朔白砂岩	White Sandstone of Pingshuo	Q1426	平鲁
	平朔木纹砂岩	Grain Sandstone of Pingshuo	Q1427	平鲁
	平朔青砂岩	Cyan Sandstone of Pingshuo	Q1428	平鲁
	平朔黄砂岩	Yellow Sandstone of Pingshuo	Q1429	平鲁
	中条红	Zhongtiao Red	Q1433	垣曲
	山西黑色大理石	Shanxi Black Marble	M1435	和顺

省、自治区、直辖市	中文名称	英文名称	统一编号	产地
	亚马逊金麻	Yamaxun Golden Gneiss	G1507	和林格尔
	蒙古黑	Mongolia Black	G1509	赤峰
	白塔沟丰镇黑	Baitagou Fengzhen Black	G1510	丰镇市
	傲包黑	Aobao Black	G1511	内蒙古
	喀旗黑金刚	Kaqi Heijingang	G1512	赤峰
	黑钻	Black Diamond	G1515	赤峰
	蝴蝶蓝	Butterfly Blue	G1518	和林格尔
	宝星兰	Blue Star	G1520	内蒙古
	墨绿青	Dark Green	G1521	内蒙古
	海洋兰	Ocean Blue	G1522	内蒙古
	蓝点玫瑰	Blue Rose	G1523	和林格尔
	蓝钻麻	Blue Diamond Grain	G1524	和林格尔
	踏雪寻梅	Blue Plum	G1525	和林格尔
	紫点玫瑰	Purple Rose	G1526	和林格尔
	冰花黑钻	Ice Flower-Black Diamond	G1527	内蒙古
	集宁黑	Jining Black	G1528	集宁
内蒙古自治区	黑猫石	Black Cat	G1529	内蒙古
	诺尔红	Nuoer Red	G1530	吉兰泰
	阴山红	Yinshan Red	G1531	巴彦淖尔
	海蓝星钻	Blue-Star Diamond	G1534	和林格尔
	春江蓝	Chunjiang Blue	G1535	和林格尔
	紫晶蓝钻	Purple-Blue Diamond	G1536	和林格尔
	凉城绿	Liangcheng Green	G1550	凉城
	蓝天白云	Concerto White	G1551	和林格尔
	兰晶白麻	Kyanite White Pearl	G1552	和林格尔
	紫晶蓝	Blue Amethyst Stone	G1553	和林格尔
	雪花兰	Snow Orchid	G1554	和林格尔
	兰星金麻	Yellow Blue Star	G1555	和林格尔
	兰宝	Lanbao	G1556	和林格尔
	超华石	Crossing Stone	G1557	和林格尔
	青山红	Qingshan Red	G1558	内蒙古
	东方墨玉	Easten Black	G1559	林西
	梵高黄	Vango Yellow	M1561	奈曼旗
	罗汉松木纹石	Luohansong Wood	L1562	清水河
	皇家黑（金晶黑）	Black Diamond	G1563	固阳

省、自治区、直辖市	中文名称	英文名称	统一编号	产地
内蒙古自治区	橙钻	Guyang Orange	G1564	固阳
	金山黄麻	Golden Sesame	G1565	固阳
	宁城红	Ningcheng Red	G1566	宁城
	金色玫瑰	Gold Rose	G1568	阿拉善左旗
	红色玫瑰	Red Rose	G1569	阿拉善左旗
	乳脂玉	Milk Jade	M1570	呼伦贝尔
	兴安白麻	Xingan White	G1572	扎赉特旗
	兴安七彩石	Xaqcs	G1573	扎赉特旗
	乌丹红	Wudan Red	G1577	赤峰
	金钻玛	Jinzuanma	G1581	镶黄旗
	蓝夜星	Lanyexing	G1583	镶黄旗
	白金玛	Baijinma	G1584	镶黄旗
	塞北金麻	Saibei Gold	G1585	镶黄旗
辽宁省	凤城杜鹃红	Fengcheng Cuckoo Red	G2101	赛马
	建平黑	Jianping Black	G2102	建平
	绥中芝麻白	Suizhong Sesame White	G2103	绥中
	绥中白	Suizhong White	G2104	绥中
	青山白	Qingshan White	G2105	绥中
	绥中浅红	Suizhong Light-Red	G2106	绥中
	绥中虎皮花	Suizhong Tiger Skin Flower	G2107	绥中
	奥仕白	Aoshi White	M2108	丹东
	嘉士白（丹尼白露）	Danni White	M2109	宽甸
	翠玉	Emerald Jade	M2116	辽宁
	丹东绿	Dandong Green	M2117	东港市合隆
	翡翠绿	Emerald Green	M2118	辽宁
	铁岭红	Tieling Red	M2119	辽宁
	辽宁银点白麻	Liaoning Olie White	G2120	锦州
	端绿	Duan Green	G2121	辽宁
	端青	Duan Cyan	G2122	辽宁
	银河黑玉	New Paradiso	G2123	辽宁
	茶花绿	Tea Green	G2125	辽宁
	天石翠	Tianshi Green	G2126	丹东
	锦州白麻	Jinzhou White	G2127	义县
	水泉白麻	Shuiquan White	G2128	义县
	唐王石	Tangwang Stone	G2132	海城

续表

省、自治区、直辖市	中文名称	英文名称	统一编号	产地
吉林省	吉林白	Jilin White	G2201	吉林
	彩晶黄	Colored Crystal Yellow	G2202	吉林
	长白山冷玉石	Changbaishan Cold Jade	M2203	白山
	玉兰花	Blue Jade	G2204	蛟河
	荷花玉	Water Lily Jade	M2205	吉林
	和龙黑	Helong Black	G2208	和龙
黑龙江省	楚山灰	Chushan Grey	G2301	楚山
	黑金洞	Black Gold Cave	G2302	宁安
	黑珍珠	Black Pearl	G2303	阿城
	东宁黑	Dongning Black	G2306	东宁
江苏省	宜兴咖啡	Yixing Coffee	M3252	张渚镇
	白奶油	White Cream	M 3256	张渚镇
	宜兴青奶油	Yixing Cyan Cream	M3258	张渚镇
	宜兴红奶油	Yixing Red Cream	M 3259	张渚镇
浙江省	杭灰	Hang Grey	M3301	杭州
	龙泉红	Longquan Red	G3302	龙泉
	龙川红	Longchuan Red	G3303	浙江
	温州红	Wenzhou Red	G3304	文成
	上虞菊花红	Shangyu Chrysanthemum Red	G3305	上虞
	上虞银花	Shangyu Silver Flower	G3306	上虞
	嵊州红玉	Shengzhou Red Jade	G3307	嵊州
	嵊州樱花	Shengzhou Cherry Blossom	G3308	嵊州金庭
	仕阳芝麻白	Shiyang Sesame White	G3309	泰顺县仕阳
	三门雪花	Sanmen Snow Flake	G3310	三门县中山
	磐安紫檀香	Panan Rosewood Fragrance	G3311	磐安县
	嵊州东方红	Shengzhou East Red	G3312	嵊州博济镇
	嵊州云花红	Shengzhou Yunhua Red	G3313	嵊州市博济
	嵊州墨玉	Shengzhou Dark Jade	G3314	嵊州市
	司前一品红	Siqian Yipin Red	G3315	泰顺司前镇
	仕阳青	Shiyang Cyan	G3316	泰顺仕阳镇
	安吉芙蓉花	Anji Furong Flower	G3317	安吉
	大门红	Damen Red	G3318	洞头县大门
	平阳花	Pingyang Flower	G3319	平阳县敖江
	钟山雪花青	Zhongshan Snow Gray	G3320	浙江
	安吉红	Anji Red	G3321	安吉

续表

省、自治区、直辖市	中文名称	英文名称	统一编号	产地
浙江省	黑檀木纹	Black Sandal Wood	M3322	浙江
	梦幻钻绿	Dream Green	M3323	浙江
	黑金龙	Black Gold Dragon	G3325	浙江
	沙溪红	Shaxi Red	G3328	浙江
	龙王礼花	Dragon King Firework	G3329	浙江
	缙云卡尔啡	Jinyun Karfy	G3331	缙云
	沙溪红	Shaxi Red	G3335	新昌
	遂昌红	Suichang Red	G3336	遂昌
	长宁红	Changning Red	G3358	浙江
	瑞安竹叶青	Ruian Bamboo Green	G3360	浙江
	高湖石	Gaohu Stone	G3390	诸暨
	江郎丹霞	Jianglang Danxia	G3392	衢州
	江郎黛青	Jianglang Daiqing	G3393	衢州
安徽省	岳西黑	Yuexi Black	G3401	岳西
	岳西绿豹	Yuexi Green Leopard	G3402	岳西
	岳西豹眼	Yuexi Leopard Eyes	G3403	岳西
	皖西红	Wanxi Red	G3404	金寨
	金寨星彩兰	Jinzhai Bright Blue	G3405	金寨
	天堂玉	Heaven Jade	G3406	金寨
	龙舒红	Longshu Red	G3407	舒城
	硅化白玉	Silicon White Jade	M3408	安庆
	安徽白玉	Anhui White Jade	M3409	安徽
	励志红	Lizhi Red	G3411	广德
	通达灰麻	Tongda Grey	G3412	广德
福建省	古平青	Guping Green	Q3501	福建
	晋江巴厝白	Jinjiang Bacuo White	G3503	晋江巴厝
	福安黑1号	Fuan Black 1♯	G3504	福安
	泉州白	Quanzhou White	G3506	南安石砻
	南安雪里梅	Nanan Xuelimei	G3508	南安罗东
	龙海黄玫瑰	Longhai Yellow Rose	G3510	龙海白水
	康美黑	Kangmei Black	G3511	南安康美镇
	漳浦青	Zhangpu Cyan	G3512	漳浦县赤湖
	珍珠灰麻	Pearl Gray	G3513	福建
	洪塘白	Hongtang White	G3514	同安洪塘
	晋江清透白	Jinjiang Pure White	G3515	晋江

省、自治区、直辖市	中文名称	英文名称	统一编号	产地
福建省	肖厝白	Xiaocuo White	G3516	泉州市肖厝
	斑砺红	Banli Red	G3517	福建
	福鼎黑	Fuding Black	G3518	福鼎市白琳
	雪花青	Snowflake Blue	G3519	福鼎
	红钻麻	Red Diamond Grain	G3520	福建
	金色年华	Golden Rose	G3521	福建
	咖啡红	Coffee Red	G3522	福建
	海沧白	Haicang White	G3523	厦门市海沧
	碧绿青	Bluish Green	G3524	福建
	世纪红	Century Red	G3525	福建
	白兰晶花	Bailanjing Flower	G3526	福建
	银辉白麻	Yinhui White	G3527	福建
	武夷红	Wuyi Red	G3528	武夷山
	武夷兰冰花	Wuyi Blue Ice Flower	G3529	武夷山
	山花	Mountain Flower	G3530	福建
	深灰	Dark Gray	G3531	福建
	晋江陈山白	Jinjiang Chenshan-White	G3532	晋江
	晋江内厝白	Jinjiang Neicuo White	G3533	晋江
	安溪红	Anxi Red	G3535	安溪县
	安海白	Anhai White	G3536	晋江市安海
	虎皮白	Tiger Skin White	G3537	福建
	大洋青	Dayang Cyan	G3538	南平
	南平青	Nanping Cyan	G3539	南平市
	东石白	Dongshi White	G3540	晋江东石镇
	红晶麻	Red Crystal	G3541	福建
	白晶麻	White Crystal	G3542	福建
	闽西红	Minxi Red	G3543	龙岩
	拓荣宝金石	Tuorong Golden Stone	G3545	拓荣
	帝王灰麻	Imperial Gray Grain	G3546	湖南华容
	漳浦红	Zhangpu Red	G3548	漳浦县深土
	虎皮锈	Tiger Skin Rust	G3549	福建
	绿花白	Green Flower White	M3550	福建
	古典灰	Classic Gray	M3551	惠安
	南平黑	Nanping Black	G3553	南平
	长乐、屏南芝麻黑	Changle/Pingnan Sesame Black	G3554	长乐

续表

省、自治区、直辖市	中文名称	英文名称	统一编号	产地
福建省	同安白	Tongan White	G3555	同安县大同
	南山青	Nanshan Black	G3556	福清龙田
	兰宝春	Sapphire Spring	G3558	福清海亮
	南平闽江红	Nanping Minjiang-Red	G3559	南平
	北星黑	Beixing Black	G3560	福建
	泉州麻灰石	Quanzhou Gray	G3561	福建
	连城花	Liancheng Flower	G3562	连城
	罗源樱花红	Luoyuan Yinghua-Red	G3563	罗源
	罗源紫罗兰	Luoyuan Violet	G3564	罗源
	罗源红	Luoyuan Red	G3565	罗源
	连城红	Liancheng Red	G3566	连城
	古田桃花红	Gutian Red Peach Blossom	G3567	古田
	宁德丁香紫	Purple Lilac of Ningde	G3568	宁德
	宁德金沙黄	Ningde Jinsha Yellow	G3569	宁德
	墨绿流云	Dark Green Clouds	G3570	拓荣
	长太黑	Changtai Black	G3572	福建
	白云碧	White Cloud Amulet	G3573	福安
	长乐红	Changle Red	G3575	长乐
	华安九龙壁	Huaan Dragon Painting	G3576	华安
	浦城百丈青	Pucheng Baizhang Cyan	G3577	浦城
	浦城牡丹红	Pucheng Peony Red	G3578	浦城
	贻红	Yi Red	G3579	福建
	枣花红	Date Red	G3580	福建
	霞红	Rosy Cloud	G3581	南安石井
	石井锈石	Shijing Rusty Stone	G3582	南安石井
	光泽红	Guangze Red	G3583	光泽
	光泽高源红	Guangze Gaoyuan-Red	G3586	光泽
	光泽铁关红	Guangze Tieguang-Red	G3587	光泽
	漳浦马头花	Zhangpu Matou-Flower	G3588	漳浦
	光泽珍珠红	Guangze Pearl-Red	G3589	光泽
	白金钻	Platinum Diamond	G3590	惠安
	金钻红	Golden Diamond-Red	G3591	惠安
	金彩麻	Golden Colored Hemp	G3592	惠安
	宝金蓝	Treasured Blue	G3593	福建
	圣诞绿	Sante Green	G3594	福建

省、自治区、直辖市	中文名称	英文名称	统一编号	产地
福建省	南极星	South Pole Star	G3595	福建
	永定红	Yongding Red	G3596	永定
	翡翠绿	Emerald Green	G3597	南平
	蓝宝石	Sapphire	G3598	建宁
	邵武青	Shaowu Dark Green	G3599	邵武
江西省	贵溪仙人红	Guixi Xianren Red	G3601	贵溪
	荷花钻	Rovera	G3602	江西
	文山白玉	Wenshan White Jade	M3603	江西
	华中璧	Huazhong Jade	M3604	江西
	冰花绿	Ice Green	G3605	江西
	江西邮政绿	Jiangxi Post Green	G3606	江西
	北大青	Beida Green	G3607	江西
	银灰	Silver Gray	G3608	江西
	珍珠白	Pearl White	G3609	宜春
	白花岗	White Granite	G3610	江西
	灵山红	Lingshan Red	G3611	江西
	夕阳红	Sunset Glow	G3612	江西
	珏石紫罗兰	Jueshi Violet	M3615	永丰
	金孔雀	Goldpeacock	G3616	安远
	北极灰	Grey	M3617	永丰
	雅柏白	White	M3618	永丰
	雪雕	Snow Vulture	M3619	永丰
	珏石白玉	White	M3620	永丰
	雅诗兰黛	Yasilandy	M3621	永丰
	盘龙玉	Jade Dragon	G3622	永丰
	奥罗拉	Alola	M3623	永丰
	雅诗红	Yashi Red	M3624	永丰
	沙漠风暴	Desert Storm	M3625	永丰
	角砾灰	Breccia Grey	M3626	永丰
	珏石青玉	Jueshi Jade	M3627	永丰
	雅伯灰	Yabo Grey	M3628	永丰
山东省	济南青	Jinan Dark Green	G3701	济南
	章丘蓝宝星	Zhangqiu Blue Star	G3703	章丘
	莱芜黑	Laiwu Black	G3708	莱芜
	莱州雪花白	Laizhou Snowflake White	M3711	莱州

省、自治区、直辖市	中文名称	英文名称	统一编号	产地
	山雪	Mountain Snow	M3712	山东
	绿白花	Green-White Flower	M3713	山东
	山东黑金花	Shandong Black Flower	M3715	济南
	黄金海岸	Gold Coast	M3716	平阳
	中花白	Middle White	M3718	牟平
	莱阳绿	Laiyang Green	M3720	莱阳
	新峰黄麻	Xinfeng Sesame	G3723	莱州
	牟平白	Muping White	G3725	牟平
	章丘黑	Zhangqiu Black	G3726	章丘
	山楂红	Hawthorn Red	G3730	淄博
	长清黑	Changqing Black	G3731	长清
	紫晶绿	Purple Crystal Green	G3735	山东
	天麻红	Tianma Red	G3736	山东
	新利红	Xinli Red	G3738	山东
	雪花红	Snow Flake Red	G3739	山东
	五莲豹皮花	Wulian Leopard Skin	G3742	五莲
	沂南青	Yinan Cyan	G3746	沂南
山东省	邹平玉樱花	Zouping Cherry Blossom Jade	G3749	邹平
	紫檀砂岩	Rose Sandstone	Q3750	莒南
	柳埠红	Liubu Red	G3751	济南柳埠
	平邑将军红	Pingyi General Red	G3752	平邑
	柏林米黄	Bolin Yellow Cream	G3753	平邑
	齐鲁红	Qilu Red	G3754	蒙阴
	平度白（晶白玉）	Pingdu White	G3755	平度
	莒南红	Junan Red	G3756	莒南
	三元花	Sanyuan Blossom	G3757	莱州
	鲁冰花	Robing Flower	G3758	平邑
	文登白	Wendeng White	G3760	文登
	五莲花	Wulian Flower	G3761	五莲
	山前灰	Shanqian Grey	G3762	五莲
	海阳红	Haiyang Red	G3763	海阳
	泽山红	Zeshan Red	G3764	平度
	莱州芝麻白	Laizhou Sesame White	G3765	莱州
	烟台红	Yantai Red	G3766	海阳
	莱州樱花红	Laizhou Cherry Blossom Red	G3767	莱州

省、自治区、直辖市	中文名称	英文名称	统一编号	产地
山东省	五莲红	Wulian Red	G3768	五莲
	山东红麻	Shandong Pearl Red	G3769	乳山
	乳山青	Rushan Dark Green	G3770	乳山
	荣成靖海红	Rongcheng Jinghai Red	G3772	荣成
	荣成海龙红	Rongcheng Hailong Red	G3773	荣成
	荣成人和红	Rongcheng Renhe Red	G3775	荣成
	蒙山花	Mengshan Blossom	G3776	蒙阴
	蒙阴海浪花	Mengyin Ocean Wave Blossom	G3777	蒙阴
	蒙阴粉红花	Mengyin Pink Blossom	G3778	蒙阴
	琥珀花	Amber	G3779	蒙阴
	威海红	Weihai Red	G3781	文登
	招远珍珠花	Zhaoyuan Pearl Blossom	G3783	招远
	荣成京润红	Rongcheng Jingrun Red	G3784	荣成
	荣成佳润红	Rongcheng Jiarun Red	G3785	荣成
	石岛红	Stone Island Red	G3786	荣成
	龙须红	Dragon Beard Red	G3787	荣成
	山东锈石	Shandong Rust Stone	G3788	莱州
	山东五星白麻	Star Light White Pearl	G3789	平度大田
	万山红	Wanshan Red	G3790	泰安
	平邑孔雀绿	Pingyi Peacock Green	G3791	平邑
	红砂岩	Red Sandstone	Q3795	莒南
	绿砂岩	Green Sandstone	Q3796	莒南
	徂徕灰	Culai Grey	G3799	泰安
河南省	淇县森林绿	Qixian Forest Green	G4101	安阳
	辉县金河花	Huixian Jinhehua	G4102	辉县
	林州银晶板	Linzhou Argent Crystal Slate	S4103	林州
	林州白沙岩	Linzhou White Sandstone	Q4104	林州
	汉雪	Han Snow	M4105	河南
	古典米黄	Classic Cream	M4106	河南
	珍珠米黄	Pearl Cream	M4107	河南
	雅典红玉	Red Onyx	M4108	河南
	灰姑娘	Cinderella	M4109	河南
	云雾白	Fog White	M4110	河南
	珍珠米白	Pearl White	G4111	河南
	深灰麻	Dark Grey Grain	G4112	河南

省、自治区、直辖市	中文名称	英文名称	统一编号	产地
河南省	黑石灰石	Black Limestone	L4113	河南
	芙蓉红	Lotus Red	G4114	南阳
	晚霞红	Sunset Red	G4115	南阳
	松香黄	Resin Yellow	M4116	淅川
	中原米黄	Zhongyuan Cream	M4117	河南
	木纹红	Red Wood	M4118	河南
	鲁山绿	Lushan Green	M4120	河南
	菊花石	Chrysanthemum Stone	M4121	河南
	七彩玉	Seven Colour Gem	M4122	河南
	斑马红	Zebra Red	G4123	河南
	牡丹花	Peony Flower	G4124	河南
	太行红	Taihang Red	G4125	河南
	芝麻红	Sesame Red	G4126	河南
	豫红	Henan Red	G4127	河南
	流星红	Galaxy Red	G4128	河南
	凤尾红	Phoenix Tail Red	G4129	河南
	樱桃红	Cherry Red	G4130	河南
	绿麻	Green Grain	G4131	河南
	梅花绿	Plum Green	G4132	河南
	菊花绿	Chrysanthemum Green	G4133	河南
	西施黑	Xishi Black	G4134	河南
	飞云红	Cloud Red	G4135	河南
	夜里雪	Night Snow	G4136	河南
	蚁蜂芝麻灰	Yifeng Sesame Grag	G4137	驻马店
湖北省	红宝石	Ruby	G4210	湖北
	满天星	Open Herding	G4211	湖北
	映心红	Yingxin Red	G4212	湖北
	麻城彩云花	Macheng Colored Cloud	G4226	麻城
	麻城鸽血红	Macheng Gexue Red	G4227	麻城
	麻城龙衣	Macheng Dragon Cloth	G4228	麻城
	麻城平靖红	Macheng Pingjing Red	G4229	麻城
	金璧	Golden Jade	M4231	湖北
	金龙米黄	Golden Dragon Cream	M4232	湖北
	湖北啡网	Hubei Marron	M4233	通山
	金襄玉	Gold Jade	M4234	通山

省、自治区、直辖市	中文名称	英文名称	统一编号	产地
湖北省	湖北孔雀绿	Hubei Peacock Green	M4235	湖北
	湖北墨玉	Hubei Black Jade	M4236	秭归
	雅伦金	Elegant Gold	M4237	湖北
	绿宝	Green Gem	M4238	枣阳
	欧网	Ouwang	M4245	阳新
	欧丝灰	Ousi Gray	M4246	阳新
	三峡红	Sanxia Red	G4251	宜昌
	三峡绿	Sanxia Green	G4252	宜昌
	宜昌黑白花	Yichang Black-White Blossom	G4253	宜昌
	三峡墨绿	Sanxia Dark Green	G4254	湖北
	宜昌芝麻绿	Yichang Sesame Green	G4255	宜昌
	西陵红	Xiling Red	G4256	西陵
	屈原红	Quyuan Red	G4258	湖北
	彩红	Multicolour Red	G4259	湖北
	雾渡蓝星	Blue Star Wudu	G4260	湖北
	浪淘沙	Multicolour Grain	G4261	麻城
	金丝红	Gold-Line Red	M4270	郧县
	海浪灰	Ocean Wave Gray	M4271	郧县
	通山红筋红	Tongshan Red Stripe	M4280	通山
	通山中米黄	Tongshan Medium Cream	M4286	通山
	通山荷花绿	Tongshan Lotus Green	M4292	通山
	通山黑白根	Tongshan Black-White Stripe	M4296	通山
	通山九宫青	Tongshan Jiugong Cyan	G4298	通山
湖南省	桃江灰	Taojiang Grey	S4301	湖南
	凤凰黑	Phoenix Black	S4306	湖南
	乐河红	Lehe Red	G4311	湖南
	鹰嘴山砂岩	Yingzuishan Sandstone	Q4321	桑植
	湖南金丝红	Hunan Golden-Red Sandstone	Q4322	桑植
	红粉佳人	Hongfenjiaren	M4332	永州
	湘墨玉	Xiangmoyu	M4335	永州
	皇家金檀	Huangjia Jintan	M4356	古丈
	慈利虎皮黄	Cili Tiger Skin Yellow	M4372	慈利
	慈利荷花红	Cili Lotus Red	M4373	湖南
	慈利荷花绿	Cili Lotus Green	M4374	慈利
	隆回山水画	Longhui Landscape	M4375	隆回

省、自治区、直辖市	中文名称	英文名称	统一编号	产地
湖北省	道县玛瑙红	Daoxian Agate Red	M4376	道县
	耒阳白	Leiyang White	M4377	湖南
	芙蓉白	Lotus White	M4378	湖南
	邵阳黑	Shaoyang Black	M4379	湖南
	湘白玉	Xiang White Jade	M4380	湖南
	双峰黑	Shuangfeng Black	M4381	湖南
	衡阳黑白花	Hengyang Black-White Flower	G4385	衡阳
	怀化黑白花	Huihua Black-White Flower	G4386	湖南
	隆回大白花	Longhui White Flower	G4387	湖南
	新邵黑白花	Xinshao Black-White Flower	G4389	湖南
	郴县金钱花	Chenxian Jinqian Flower	G4391	湖南
	华容出水芙蓉	Huarong Lotus	G4392	湖南
	华容黑白花	Huarong Black-White Blossom	G4393	华容
	汨罗芝麻花	Miluo Sesame Blossom	G4394	汨罗
	望城芝麻花	Wangcheng Sesame Blossom	G4395	望城
	长沙黑白花	Changsha Black-White Flower	G4396	湖南
	桃江黑白花	Taojiang Black-White Blossom	G4397	桃江
	平江黑白花	Pingjiang Black-White Blossom	G4398	平江
	宜章莽山红	Yizhang Mangshan Red	G4399	湖南
广东省	广东啡网	Emperador Dark(T)	M4401	云浮
	冰花玉	Ice Flower Jade	M4402	清远
	古堡灰	Castle Gray	M4403	广东
	芭拉白	Bala White	G 4404	汕头
	水晶白	Crystal White	M4405	广东
	冰花白	Ice Flower White	M4406	广东
	米黄玉	Cream Jade	M4407	广东
	绿宝玉	Green Jade	M4408	广东
	云灰	Cloudy Grey	M4409	云浮
	信宜星云黑	Xinyi Star Cloud Black	G4416	信宜
	信宜童子黑	Xinyi Pure Black	G4417	信宜
	信宜海浪花	Xinyi Ocean Wave	G4418	信宜
	信宜细麻花	Xinyi Ximahua	G4419	信宜
	广宁墨蓝星	Guangning Dark Blue Star	G4420	广宁
	广宁红彩麻	Guangning Colored Red Hemp	G4421	广宁
	广宁东方白麻	Guangning Eastern White Hemp	G4422	广宁

省、自治区、直辖市	中文名称	英文名称	统一编号	产地
广东省	广宁红	Guangning Red	G4423	广宁
	翠玉晶麻	Emerald Crystal Hemp	G4436	清远
	普宁大白花	Puning White Coarse Grain	G4439	普宁
	巴兰花	Balan Flower	G4440	汕头
	巴利红	Bali Red	G4441	广东
	紫金麻	Purple Gold Grain	G4442	广东
	阳江白麻	Yangjiang White Grain	G4443	阳江
	金山白	Jinshan White	G4444	广东
	廉江中花	Lianjiang Medium Grain	G4445	廉江
	廉江花	Lianjiang Grain	G4446	廉江
	白珠麻	White Pearl Grain	G4447	汕头
	台山黄	Taishan Yellow	G4448	台山
	清远红	Qingyuan Red	G4449	清远
	新会红	Xinhui Red	G4450	新会
	揭阳红	Jieyang Red	G4451	揭阳
	阳江红	Yangjiang Red	G4452	阳江
	粉红晶	Pink Crystal	G4453	广东
	西丽红	Xili Red	G4454	深圳
	七星红	Rainbow Red	G4455	封开
	粉晶白麻	Powder-White Grain	G4456	汕头
	苏丹红	Sudan Red	G4456	汕头
	惠东红	Pink Diamond	G4457	惠东
	雪沙红	Xuesha Red	G4458	广东
	岭南红	Lingnan Red	G4459	广东
	金穗灰麻	Jinsui Grey Grain	G4460	佛冈
	黑金麻	Coal Grain	G4461	广东
	广东中花白	Guangdong Middle Coarse Grain	G4465	惠来
广西壮族自治区	贺州白玉	Hezhou White Jade	M4501	贺州
	绿波金龙	Green Wave -Golden Dragon	M4502	广西
	紫霞红	Rosy Cloud	M4503	贺州
	新啡网	New Marron	M4504	广西
	灰冰花	Gray Ice	M4505	广西
	贺州白	Hezhou White	M4506	贺州
	杜鹃花	Cuckoo Flower	M4507	广西
	金钱花	Jinqian Flower	M4508	广西

省、自治区、直辖市	中文名称	英文名称	统一编号	产地
广西壮族自治区	贺州夜飘雪	Hezhou Yepiaoxue	M4510	贺州
	银白龙	Silver Dragon	M4522	忻城
	广西银线	Guangxi White-Line	L4525	忻城
	广西防城	Gaungxi Fangcheng	G4530	防城港
	岑溪红	Cenxi Red	G4562	岑溪
	三堡红	Sanbao Red	G4563	平乐
	桂林红	Guilin Red	G4572	平乐
	桂林浅红	Pale Red of Guilin	G4573	平乐
	浪花白	Spray White	G4575	广西
	湄海绿	Meihai Green	G4576	广西
	辉绿岩	Huilvyan	G4577	广西
	钟山绿	Zhongshan Green	G4580	贺州钟山
海南省	络冰花	Robing Flower	G4601	海南
	海南黑	Hainan Black	G4602	海南
重庆	重庆啡网	Chongqing Feiwang	L5001	黔江区邻鄂镇
四川省	金石米黄	Jinshi Yellow	M5100	江油
	宝兴白	Baoxing White	M5101	宝兴县
	石棉白	Shimian White	M5102	石棉县
	宝兴青花灰	Baoxing Cyan-Gray	M5103	宝兴县
	宝兴青花白	Baoxing Cyan-White	M5104	宝兴县
	宝兴波浪花	Baoxing Wave Flower	M5105	宝兴县
	宝兴银杉红	Baoxing Silver Fir Red	M5106	宝兴县
	宝兴红	Baoxing Red	M5107	宝兴县
	蜀金白	Shujin White	M5108	小金县
	丹巴白	Danba White	M5109	丹巴县
	金钰米黄	Jinyu Yellow	M510A	北川
	香阁娜大雅米黄	Xianggena Daya Yellow	M510B	北川
	丹巴水晶白	Danba Crystal White	M5110	丹巴县
	丹巴青花	Danba Cyan Flower	M5111	丹巴县
	宝兴大花绿	Baoxing Green	M5112	宝兴县
	彭州大花绿	Pengzhou Green	M5113	彭州
	峻东浅米黄	Jundong Light Cream	M5114	四川
	东方白	East White	M5115	四川
	香格里拉	Shangrila	M5116	四川
	莲花白	Lotus White	M5117	四川

省、自治区、直辖市	中文名称	英文名称	统一编号	产地
	中喜白玉	Zhongxi White Marble	M5118	甘孜
	绿花玉	Green Jade	M5119	四川
	南江山水绿	Nanjiang Landscape Green	M5120	四川
	琼纹青	Skyline Green	M5121	四川
	王子米黄	Prince Cream	M5122	北川
	羌王米黄	Qiangwang Cream	M5123	北川
	冰花兰	Ice-Flower Blue	G5124	米易
	芦山樱桃红	Lushan Cherry Blossom Red	G5125	四川
	芦山珍珠红	Lushan Pearl Red	G5126	四川
	宝兴翡翠绿	Baoxing Emerald Green	G5127	四川
	天全邮政绿	Tianquan Post Green	G5128	四川
	二郎山孔雀绿	Erlangshan Peacock Green	G5129	四川
	二郎山菊花绿	Erlangshan Chrysanthemum Green	G5130	四川
	山峡绿	Nek Green	G5131	四川
	宝兴绿	Baoxing Green	G5132	四川
	宝兴墨晶	Baoxing Dark Crystals	G5133	四川
	宝兴黑冰花	Baoxing Black Ice Flower	G5134	四川
四川省	芦山墨冰花	Lushan Dark Ice Flower	G5135	四川
	宝兴菜花黄	Baoxing Cauliflower Yellow	G5136	四川
	石棉彩石花	Shimian Colored Stone Blossom	G5137	四川
	喜德枣红	Xide Date Red	G5138	喜德
	喜德玫瑰红	Xide Rose Red	G5139	喜德
	冕宁红	Mianning Red	G5140	冕宁
	喜德紫罗兰	Xide Violet	G5141	喜德
	攀西兰	Panxi Blue	G5142	西昌
	航天青	Spaceflight Blueness	G5143	冕宁县
	牦山黑	Maoshan Black	G5144	冕宁县
	冕宁黑冰花	Mianning Black Ice Flower	G5145	冕宁县
	夹金花	Jiajin Flower	G5146	阿坝州小金县
	甘孜樱花白	Ganzi Cherry Blossom White	G5147	康定县
	甘孜芝麻黑	Ganzi Sesame Black	G5148	康定县
	丹巴芝麻花	Danba Sesame Blossom	G5149	丹巴县
	旺苍隆丰红(东方红麻)	Wangcang Longfeng Red	G5150	旺苍县
	南江玛瑙红	Nanjiang Agate Red	G5151	南江县
	天府红	Heaven Red	G5152	洪雅县

省、自治区、直辖市	中文名称	英文名称	统一编号	产地
四川省	泸定红	Luding Red	G5153	泸定县
	泸定长征红	Luding Long March Red	G5154	泸定县
	加郡红	Jiajun Red	G5155	泸定县
	泸定五彩石	Luding Colored Stone	G5156	泸定县
	米易绿	Miyi Green	G5157	米易县
	米易豹皮花	Miyi Leopard Veins	G5158	米易县
	雪花篮麻	Snowflake Blue Hemp	G5159	四川
	新翠绿	New Green	G5160	四川
	芦山红	Lushan Red	G5161	芦山
	芦山忠华红	Lushan Zhonghua Red	G5162	芦山
	三合红	Sanhe Red	G5163	荥经
	石棉红	Shimian Red	G5164	四川
	山水蓝	Landscape Blue	G5165	四川
	天全玫瑰红	Tianquan Red Rose	G5166	天全
	汉源巨星红	Hanyuan Giant Star Red	G5167	汉源
	芦山樱花红	Lushan Cherry Blossom Red	G5168	芦山
	二郎山红	Erlangshan Red	G5169	四川
	四川水晶白	Sichuan Crystal white	M516A	石棉
	新庙红	Xinmiao Red	G5170	四川
	荥经红	Yingjing Red	G5171	四川
	川红	Plain Red	G5172	四川
	四川红	Sichuan Red	G5173	四川
	二郎山冰花红	Erlangshan Ice Flower Red	G5174	四川
	二郎山雪花红	Erlangshan Snowflake Red	G5175	四川
	二郎山川絮红	Erlangshan Chuanxu Red	G5176	四川
	二郎山杜鹃红	Erlangshan Azalea Red	G5177	四川
	雅州红	Yazhou Red	G5178	四川
	黎州红	Lizhou Red	G5179	四川
	黎州冰花红	Lizhou Ice Flower Red	G5180	四川
	汉源三星红	Hanyuan Three Star Red	G5181	四川
	石棉樱花红	Shimian Cherry Blossom Red	G5182	四川
	宝兴红	Baoxing Red	G5183	四川
	宝兴珍珠花	Baoxing Pearl Blossom	G5184	四川
	四季红	Season Red	G5185	四川
	红宝珠	Red Pearl	G5186	四川

省、自治区、直辖市	中文名称	英文名称	统一编号	产地
四川省	青城绿	Qingcheng Green	G5187	四川
	冰岛兰宝	Iceland Sapphire	G5188	四川
	白砂岩	White Sandstone	Q5189	四川
	黄砂岩	Golden Sandstone	Q5190	隆昌
	黄木纹砂岩	Yellow Wood Sandstone	Q5191	四川
	米黄砂岩	Beige Sandstone	Q5192	四川
	红砂岩	Red Sandstone	Q5193	四川
	红木纹砂岩	Red Wood Sandstone	Q5194	四川
	紫木纹砂岩	Purple Wood Sandstone	Q5195	四川
	浅灰砂岩	Light Gray Sandstone	Q5196	四川
	黑砂岩	Black Sandstone	Q5197	四川
	四川砂岩	Sichuan Gritstone	Q5198	隆昌
	青板	Cyan Slate	S5199	四川
贵州省	贵阳纹酯奶油	Guiyang Wenzhi Cream	M5201	贵州
	贵阳水桃红	Guiyang Peach Red	M5202	贵州
	安顺青板石	Anshun Cyan Slate	S5211	贵州
	纳雍黑板石	Nayong Black Slate	S5212	贵州
	玛丽玫瑰	Rose Mary	M5215	从江
	石阡贝壳石	Shiqian Cowry	M5216	石阡
	石阡桃红	Shiqian Peach	M5217	石阡
	石阡云石	Shiqian Marble	M5218	石阡
	石阡红	Shiqian Red	M5219	石阡
	金龙玉	Gold Dragon	M5220	石阡
	遵义马蹄花	Zunyi Mati Flower	M5221	贵州
	咖啡木纹	Coffee Wood	M 5222	石阡
	地中木纹	Dizhong Wood	M 5223	石阡
	图云灰	Tuyun Grey	M 5224	石阡
	晚霞木纹	Sunglow Wood	M 5225	石阡
	黄石米黄	Huangshi Yellow	M5226	石阡
	蜘蛛米黄	Araneid Yellow	M5227	石阡
	贵州木纹米黄	Guizhou Wooden Beige	M5231	安顺
	贵州平花米黄	Guizhou Flat Beige	M5232	镇宁
	贵州金丝米黄	Guizhou Golden Thread Beige	M5233	镇宁
	紫云杨柳青	Ziyun Willow Green	M5234	紫云县
	绚丽米黄	Fine Cream	M5235	贵州

省、自治区、直辖市	中文名称	英文名称	统一编号	产地
贵州省	贵州金线米黄	Guizhou Golden Line Cream	M5236	贵州
	贵州白沙米黄	Guizhou White Sand Cream	M5237	贵州
	贵州金花米黄	Guizhou Golden Cream	M5238	贵州
	顺花米黄	Shunhua Cream	M5239	贵州
	贵定红	Guiding Red	M5241	贵州
	贞丰木纹石	Zhenfeng Wooden Stone	M5251	贵州
	贞丰米黄	Zhenfeng Cream	M5252	贵州
	毕节晶墨玉	Bijie Black Jade	M5261	织金、纳雍
	毕节残雪	Bijie Snow	M5262	贵州
	罗甸绿	Luodian Green	G5271	罗甸
云南省	木纹砂岩	Wooden Sandstone	Q5301	云南
	玉龙雪山	Yulongxueshan	M5305	马关
	河口雪花白	Hekou Snow White	M5306	河口
	云南七彩玉	Yunnan Seven Color	M5307	师宗
	海贝花	Shellfish Flower	M5308	贵州正安
	牡丹	Peony	M5309	师宗
	应鑫红	Yingxin Red	M5310	楚雄
	应鑫青	Yingxin Blueness	M5311	楚雄
	应鑫白	Yingxin White	M5312	楚雄
	丽石彩色砂岩	LS Colors Sandstone	Q5315	永仁
	贡山白玉	Gongshan White Jade	M5322	贡山
	河口白玉	Hekou White Jade	M5323	河口
	元阳白晶玉	Yuanyang White Crystal Jade	M5324	元阳
	云南白海棠	Yunan White Begonia	M5325	云南
	云南米黄	Yunan Beige	M5326	云南
	冰花米黄	Ice Cream	M5328	云南
	波斯灰	Bosi Gray	M5330	云南
	红河绿	Honghe Green	M5331	云南
	云南啡网纹	Yunnan Feiwangwen	M5332	云南
	红河米黄	Honghe Beige	M5333	云南
	云南红线米黄	Yunnan Red Line Beige	M5334	云南
	云南冰花白	Yunnan Ice Flower White	M5335	云南
	木纹黄	Wood Yellow	M5351	云南
	木鱼石（黄）	Yellow Muyushi	M5352	云南
	木鱼石（红）	Red Muyushi	M5353	云南

省、自治区、直辖市	中文名称	英文名称	统一编号	产地
云南省	东泰米黄	Dongtai Cream	M5354	云南
	黄土石	Loess	M5355	云南
	皇家金檀	Royal Sandal Wood	M5356	湖南
	石林白	Shilin White	M5357	云南
	通华米黄	Tonghua Cream	M5358	云南
	绿斑豹	Green Speckle Leopard	G5360	云南
	红丽玉	Red Jade	G5361	云南
	古力卡水晶白	Gulika Crystal White	M5373	盈江
陕西省	汉中雪花白	Hanzhong Snowflake White	M6101	汉中
	陕西大花绿	Shanxi Green	M6102	陕西
	新雅士白	Xinyashi White	M6103	陕西
	易彩黑	Fantastic Black	G6104	宁陕县江口
	珍珠米	Pearl Rice	G6105	陕西
	贵妃白麻	Madam White	G6125	华阴
	加州白麻	California White	G6126	华阴
	世博白麻	Hemp White	G6127	华阴
	华山白麻	Huashan White	G6128	华阴
	富士白麻	Fuji White	G6129	华阴
甘肃省	陇南芝麻白	Longnan Sesame White	G6201	成县
	陇南青水红	Longnan Qingshui Red	G6202	清水县
	西北白麻	North-West White Grain	G6203	甘肃
	晶玉白麻	Jingyu White Grain	G6204	甘肃
	西域小白麻	Westen White Grain	G6205	甘肃
	柳园红	Liuyuan Red	G6206	甘肃
	西域红	Westen Red	G6207	甘肃
	晶华星云	Jinghua Nebula	G6208	甘肃
	蓝天石	Blue Sky	G6209	甘肃
	天山翠	Tianshan Emerald Green	G6210	甘肃
	金陇灰玉	Jinlong Gray	M6215	两当
新疆维吾尔自治区	天山兰	Tianshan Blue	G6501	哈密
	哈密星星兰	Hami Star Blue	G6502	哈密
	哈密芝麻翠	Hami Sesame Green	G6503	哈密
	天山黑冰花	Tianshan Black Icy Blossom	G6504	哈密
	细啡钻	Thin Brown	G6505	哈密
	新古典棕色	New Brown	G6506	哈密

省、自治区、直辖市	中文名称	英文名称	统一编号	产地
新疆维吾尔自治区	天山绿	Tianshan Green	G6507	哈密
	双井红	Shuangjing Red	G6508	哈密
	双井花	Shuangjing Blossom	G6513	哈密
	天山红	Tianshan Red	G6520	托里县
	新疆红	Xinjiang Red	G6521	托里县
	托里菊花黄	Tuoli Chrysanthemum Yellow	G6522	托里县
	托里雪花青	Tuoli Snowflake Blue	G6523	托里县
	托里红	Tuoli Red	G6524	托里县
	绿钻	Green Brown	G6525	托里
	和硕红	Heshuo Red	G6530	和硕县
	天山红梅	Tianshan Red Plum	G6531	和硕县
	焉脂红	Kermes Red	G6532	焉耆
	七星白	Seven-Star White	G6533	焉耆
	阿拉塔格白	Alaterge White	M6535	和硕
	库木塔格树化玉	Kumtag Grey	M6536	鄯善
	汇金青花灰	Huijin Grey	M6538	鄯善
	汇金红杉木	Huijin Redwood	M6539	鄯善
	鄯善红	Shanshan Red	G6540	鄯善县
	楼兰金	Loulan Gold	G6541	鄯善
	亚心黄	Yaxin Yellow	G6542	鄯善
	水晶黄	Crystal Yellow	G6543	鄯善
	新疆灰麻	Xinjiang Grey	G6544	鄯善
	楼兰啡钻	Loulan Coffee	G6545	鄯善
	楼兰棕钻	Loulan Brown	G6546	鄯善
	楼兰红钻	Loulan Red	G6547	鄯善
	楼兰金钻	Loulan Yellow	G6548	鄯善
	丁香黄	Yellow Clover	G6550	新疆
	新疆白麻	Xinjiang White Grain	G6551	新疆
	雪莲花	Adonis Flower	G6552	新疆
	荷兰菊	Helan Chrysanthemum	G6553	新疆
	金丝黄	Golden Silk	G6554	新疆
	莎仕金麻	Golden Grain Shashi	G6555	新疆
	罗兰红	Luolan Red	G6556	新疆
	元帅红	Marshal Red	G6557	新疆
	哈密红	Hami Red	G6558	新疆

省、自治区、直辖市	中文名称	英文名称	统一编号	产地
新疆维吾尔自治区	阿纳尔红	Anaer Red	G6559	新疆
	天山兰宝	Tianshan Sapphire	G6560	新疆
	紫星云	Purple Galaxy	G6561	新疆
	咖啡钻	Coffee Diamond	G6562	新疆
	银灰麻	Grey Grain	G6563	新疆
	冰川白麻	Glacier White	G6568	阿克陶
	豹皮钻	Leopard Brown	G6569	博乐
	天山雪莲	Tianshan Lotus	M6570	哈密
	天山玫瑰	Tianshan Rose	M6571	哈密
	天山大花白	Tianshan White	M6572	哈密
	波斯啡网	Persia Marron	M6573	哈密
	紫楼兰	Loulan Purple	M6575	库尔勒
	和赛红	Hesai Red	M6576	新疆
	尉犁紫楼兰	Yuli Purple	M6577	尉犁
	黑冰花	Black Ice Flower	G6580	青河
	波斯银麻	Persia White	G6581	哈密
	棕钻	Brown Jewel	G6582	青河
	幻彩红	Dream Red	G6583	青河
	阿尔金黄	Aer Yellow	G6584	青河
	天山雪	Tianshan Snow	M6590	拜城
	卡拉麦里银	Kalameili Argent	G6597	奇台
	戈壁蓝宝	Gobi Blue	G6598	奇台
	卡拉麦里金	Kalamaili Gold	G6599	奇台
台湾省	台湾大花绿	Taiwan Garish Green	M7101	台湾
	和平白	Peace White	G7102	台湾

附录 C

常用的进口石材名称和产地

国家名称	中文名称	英文名称	石材种类
美国	美国白麻	CAMELIA WHITE	G
	美国灰麻	BETHEL WHITE	G
	芝麻灰	BARRY GREY	G
	沙利士红	SALISBURY PINK	G
	太阳白麻	SOLAR WHITE	G
	红紫晶	DAKOTA MAHOGANY	G
	凯撒白	CAESA WHITE	G
巴西	金彩麻	GIALLO VENEZIANO	G
	金钻麻	GIALLO FIOPITO	G
	金鸡麻	CARIOCA GOLD	G
	紫点金麻(深色)	GIALLO CECILIA DARK	G
	紫点金麻(浅色)	GIALLO CECILIA LIGHT	G
	皇室啡	CAFE IMPERIAL	G
	维纳斯白麻	CEARA WHITE	G
	紫点黄麻	GIALLO JASMINE	G
	博多金麻	JUPARANA BORDEAUX	G
	比萨金麻	GOLDEN PERSA	G
	世贸金麻(深色)	GIALLO SF REAL(DARK)	G
	世贸金麻(浅色)	GIALLO SF REAL(LIGHT)	G
	墨绿麻	VERDE BAHIA	G
	香槟金麻	SAMOA	G
	啡珍珠	IMPERIAL BROWN	G
	加州金麻(红底)	GIALLO CALIFORNIA	G
	加州金麻(黑底)	GIALLO CALAFURIA	G
	皇室金麻	GOLDEN KING	G
	积架红	JACARANDA	G
	维纳金麻	GIALLO IMPERIAL	G
	新金山麻	ORO VENEZIANO	G
	金山麻	GIALLO SAN FRANCISCO REAL MS	G
	玫瑰白麻	WHITE ROSE	G
	黄蝴蝶	BUTTERFLY YELLOW	G
	多瑙蓝	AZUL BAHIA	G
	奥文度金	GIALLO ORNAMENTAL	G
	威尼斯金麻	NEW VENETIAN GOLD	G

国家名称	中文名称	英文名称	石材种类
巴西	巴西紫水晶	MARRON BAHIA	G
	紫水晶	LILLAS GERAIS	G
	蝴蝶青	VERDE BUTTERFLY	G
	海洋绿	VERDE MF	G
	金芝麻	GIALLO ANTICO	G
	女皇白	REGINA WHITE	G
	啡水晶	NEW CALEDONIA	G
	幻彩绿	VERDE SANFRANCISCO	G
	银啡钻	ZETA BROWN	G
	博多金麻	JUPARANA BORDEAUX	G
	珊瑚麻	QUARCITA ROSSO	G
	红豆沙白麻	BIANCO CARDINALE	G
	细啡珠	CAFE BAHIA	G
	石英兰	AZUL MACAUBAS	G
	高蛟红	MARRON GUAIBA	G
	巴西红	ROYAL RED	G
加拿大	金松绿	PINE GREEN	G
	宝利康	POLYCHROME	G
克罗地亚	克罗地亚米黄	CROATIA BEIGE	M
埃及	金线米黄	SUNNY YELLOW	M
	埃及米黄	GALALA BEIGE	M
	金碧辉煌	GIALLO ATLANTIDE	M
	劳斯米黄	LOTUS BEIGE	M
菲律宾	橙皮红	TEA ROSE	M
	金摩卡	GOLD MOCA	L
芬兰	啡钻	BALTIC BROWN	G
	绿钻麻	BALTIC GREEN	G
	路佑红	BALMORAL RED	G
	老鹰红	EAGLE RED	G
	红钻(卡门红)	CARMEN RED	G
法国	枫丹白露	FONTANE BLEAU	M
	法国红	ROSSO FRANCIA	M
	黑罗兰	SAINT LAURENT	M
希腊	金蜘蛛	GOLD SPIDER	M
	爵士白	VOLAKAS	M
	雅士白	ARISTON	M

国家名称	中文名称	英文名称	石材种类
希腊	银河白	VENUS GALAXY	M
	白水晶	THASSOS WHITE	M
印度	印度红	IMPERIAL RED	G
	黑金沙	BLACK GALAXY	G
	英国棕	TAN BROWN	G
	印度绿	INDIA GREEN	G
	宝石兰	SAPHIRE BLUE	G
	幻彩红	MULTICOLOR RED	G
	金丝麻	RAW SILK	G
	克什米尔金	KASHMIR GOLD	G
	皇家白麻	IMPERIAL WHITE	G
	沙漠金	DESERT GOLD	G
	印度兰	LAVENDER BLUE	G
	纯黑麻	ABSOLUTE BLACK	G
	翡翠绿	HASSEN GREEN	G
	虎皮纹	TIGER SKIN	G
	哥仑布红	JUPARANA COLUMBO	G
	雪中红	GALAXY WHITE	G
	紫彩麻	PARADISO DARK	G
	黑珍珠	EMERALD PEARL	G
	雨林啡	RAINFOREST BROWN	M
	黑水晶	BLACK CRYSTAL	G
	彩虹砂石	RAINBOW SANDSTONE	Q
印尼	都市米黄	CREMA IVORY	M
	嘉曼米黄	MALAKA	M
	新雅米黄	CITATAH BEIGE	M
伊朗	欧典米黄	SHAYAN BEIGE	M
	黄金米黄	GLO CREAM	M
	莎安娜米黄	ROYAL BOTTICINO	M
	米白洞石	LIGHT BEIGE TRAVERTINE	L
	啡洞石	BROWN TRAVERTINE	L
	白宫米黄	HARSIN BEIGE	M
	红洞石	RED TRAVERTINE	L
	香草米黄	VENILLA CREAM	M
	克罗地亚米黄	CREAM FLOWER	M
	橙玉	HONEY GOLD ONYX	M

续表

国家名称	中文名称	英文名称	石材种类
伊朗	白玉	WHITE ONYX	M
	超白洞石	SUPER WHITE TRAVERTINE	L
	安娜米黄	ARYAN MARFIL	M
	金龙米黄	DRAGON BEIGE	M
	龙舌兰	SHELL BEIGE	M
	黄洞石	BEIGE TRAVERTINE	L
以色列	皇家金	GIALLO ROYAL TAFU	M
	富达玛金	GIALLO FATIMA	M
意大利	万寿红	ROSSO VERONA	L
	香槟红	PERLINO ROSATO	M
	银线米黄	PERLINO BIANCO	M
	新米黄	PERLATO SICILIA	M
	细花白	WHITE CARRARA	M
	中花白	STATAURIETTO	M
	雪花白	STATUARIO VENATO	M
	银芝麻	BEOLA GRIGIA	M
	豆腐花米黄	BOTTICINO FIORITO	M
	七彩米黄	BRECCIA AURORA CLASSICA	M
	大花绿	VERDE ALPI	M
	网纹大花白	ARABESCATO CORCHIA	M
	山水纹大花白	ARABESCATO FANIELLO	M
	黑金花	PORTORO	M
	旧米黄	BOTTICINO CLASSICO	M
	木纹石	SERPEGGIANTE	L
	木纹沙石	PIETRA DORATA	L
	爵士黄	GIALLO REALE	M
	凯悦红	BRECCIA ONICIATA	M
	鱼肚白	CALACATTA	M
	米兰玫瑰	ITALIAN ROSE	M
	象牙洞石	TRAVERTINE NAVONA	M
	红线米黄	FILETTO ROSSO	M
	金花米黄	PERLATO SVEVO	M
	柏斯高灰	FIOR DI PESCO	M
	西耶那金（圣安娜黄）	GIALLO SIENA	M

国家名称	中文名称	英文名称	石材种类
挪威	蓝珍珠(蓝花岗)	BLUE PEARL	G
	银星	SILVER PEARL	G
	绿星石	EMERALD PEARL	G
	宝金蓝	BLUE ANTIQUE	G
	挪威红	ROSA NORVEGIA	G
西班牙	白珠白麻	GRIGIO PEARL	G
	粉红麻	ROSA PORRINO	G
	梦幻兰	BLUE DREAM	G
	伯利黄	SPANISH GOLD	M
	西班牙米黄(COTO)	CREMA MARFIL(COTO)	M
	西班牙米黄(ZARFA)	CREMA MARFIL(ZARFA)	M
	珊瑚红	ROSSO ALICANTE	M
	深啡网	EMPERADOR DARK	M
	西施红	ROSA LEVANTE	M
	黑白根	NEGRO MARQUINA	M
	奶油砂石	NIWALA YELLOW	L
	罗莎红	ROSSO VALENCIA	M
	柠檬黄	CREMA VALENCIA	M
	浅啡网纹	EMPERADOR LIGHT	M
	透光石	ALABASTER	M
	金黄天龙(金丝雀)	AMARILLO TRIANA	M
	西班牙白砂石	CALIZA CAPRI	L
阿曼	圣诞米黄	CHRISTMAS BEIGE	M
巴基斯坦	金年华	INDUS GOLD	M
	金网花	BLACK & GOLD	M
	绿玉	GREEN ONYX	M
瑞典	紫晶麻	ROYAL MAHOGANY	G
葡萄牙	玫瑰红	ROSA PORTOGALLO	M
	白沙米黄	MOCA CREME	L
	树挂冰花	SAINT LOUIS	G
沙特	黄金钻	TROPICAL BROWN	G
	琥珀红	NAJRAN RED	G
	宝金石	GOLDEN LEAF	G
南非	巴拿马黑	NERO IMPALA	G
	南非红	AFRICAN RED	G
	黑罗兰	PORT LAURENT	G
	香格里拉黑	BROWN ANTIQUE	G

国家名称	中文名称	英文名称	石材种类
土耳其	紫罗红	ROSSO LEPANTO	M
	世纪米黄	BURSA BEIGE	M
	丁香米黄	SAHARA BEIGE	M
	阿曼米黄	AMASYA BEIGE	M
	帝皇金	GOLDEN IMPERIAL	M
	宝金米黄	CAPPUCINO	M
	玻丁米黄	BURDUR BEIGE	M
	金世纪米黄	GOLDEN BEIGE	M
	新丁香米黄	BEDEN BEIGE	M
	特雅米黄	ATLAS BEIGE	M
	银河米黄	ORION CREAM	M
	爵士米黄	REGAL BEIGE	M
	维纳斯米黄	MOON CREAM	M
	雅典米黄	KOMBASSON BEIGE	M
	罗马米黄（Y）	MIRACLE BEIGE	M
	罗马米黄（I）	INEGOL BEIGE	M
	粉蝶米黄	NEW MARFIL	M
	雅士米黄	BELLA BEIGE	M
	象牙米黄（I）	IVORY CREAM	M
	象牙米黄（T）	TROYA BEIGE	M
	幸福米黄	FILICITA CREAM	M
	达丽米黄	CREMA NOVITA	M
	特丽米黄	CREMA PERFETTA	M
	雅丽米黄	CREMA NOUVA SELECT	M
	贝丽米黄	CREMA UNICO	M
	皇室米黄	ROYAL BEIGE	M
	罗马灰（L）	BIANCO LEOPARTO	M
	罗马灰（V）	VERDE ROSA	M
	罗马灰（S）	ROSA SILVER	M
	罗马灰（P）	ROSA PEARL	M
	浅啡网纹	LIGHT EMPERADOR	M
	安娜红	DIANA ROSE	M
	晶典米黄	SANDY BEIGE	M
	彩玉	PICASSU ONYX	M
	金黄洞石	YELLOW TRAVERTINE	L
	茶花红	ROSA TEA	M

国家名称	中文名称	英文名称	石材种类
土耳其	土耳其白砂石	LYMRA LIMESTONE	L
	如意米黄（中东米黄）	ANTICA	M
	黄窿石（黄洞石）	BEIGE TRAVERTINE	L
	美姬塔	MILITTA BEIGE	M
	莱尔塔	MB BEIGE	M
	哈密黄	LEMON YELLOW	M
	土耳其玫瑰	ROSALIA	M
	贵族米黄	TIGER BEIGE	M
津巴布韦	津巴布韦黑	NERO ZIMBABWE	G
安哥拉	安哥拉黑	ANGOLA BLACK	G

附录 D

石材工程中常见问题及其可能原因和解决措施

附录 D-1　粘结法石材工程中常遇到的问题及其可能的原因和解决措施

容易出现的问题	表现	可能的原因	解决措施
接缝	接缝没对齐，宽窄明显不一致	1. 石材板材规格尺寸不一致，不同板材之间的极差过大。 2. 施工工艺技能不强，铺装时石材没排列整齐	1. 加强对板材加工质量的监控。 2. 选择熟练的操作技术工人。 3. 加强对操作工人的培训和监督管理
外观	水斑	1. 防护没有做好。 2. 底层或表面接触了过多的水分	1. 选择适合的防护剂，保证质量。 2. 正确防护并保证足够的养护时间。 3. 粘结层和打底/找平层应严格按照对比配水，不应有多余的水分。 4. 普通石材表面应避免长期过多接触水分
	白华	1. 石材内的盐和/或粘结剂。 2. 从地板地下或通过接缝给粘结剂带来的潮湿	石材做好防护，不要过分水泡。 使用适当的防水层
	花纹色调不一致	1. 选择了颜色变化太大的材料。 2. 没有进行排板和追纹调整。 3. 由于进水而长期处于潮湿中	选择合适的石材 排板或预铺装 使用专用防水层和石材防护剂
	砂眼	1. 使用了没有经过适当处理的多孔性石材。 2 石材本身内在的性质	工厂中进行修补 石材本身如此
	污染	1. 溢出物质和吃剩的食物以及化妆品、其他污染物等。 2. 酸类清洁剂和强碱清洁剂造成的。 3. 填缝剂材料不合适。 4. 风化。 5. 接触的相关材料。 6. 石材内在性质	避免与污染物接触，快速清洁 使用合适的清洁剂 使用相容的填缝剂 做好防护，避免过分浸泡 选与石材相容材料 注意选材
粘结	空鼓	1. 铺装粘结剂或板材层进入了空气或是空的。 2. 底面未使用底面专用防护剂。 3. 粘结剂不合适。 4. 背网及胶未清理干净。 5. 背网胶与石材胶粘剂不相容	严格按照规定方法进行施工 使用专用底面防护剂 使用合适的胶粘剂 清理干净并涂刷底面型防护剂 通过试验选用适合的材料

容易出现的问题	表现	可能的原因	解决措施
平整度	不平坦表面或凸缘	1. 弯曲的石材板材。 2. 石材板材厚度变化过大。 3. 基面或是水泥/砂找平层不平坦。 4. 粘结剂厚度不一致。 5. 粘结剂缺乏养护。 6. 每一块板材都不是完全水平。 7 板材没完全敲击到位。 8 提前加负荷到刚铺的石材上	使规格有完全的稳定性 板材厚度一致 正确的表面准备 使用好使的工具 充分的养护时间 使用水平尺保证石材平坦度和水平度 均匀敲击保证石材完全到位 正确保护现场
裂纹和损坏	裂纹	1. 不适当的膨胀和抑制接缝。 2. 板材铺在裂纹上。 3. 切断和缺乏处理。 4. 直接撞击。 5. 如果没被保护起来，铺装后受到其他工作的损坏。 6. 由于天然纹理，如缝合岩面而形成的内在性质。 7. 过分的外部震动	使用伸缩缝 需要特殊处理 切实保护 石材固有性质 不要碰撞接缝
	碎裂/凸缘边	1. 直接撞击。 2. 如果没被保护起来，铺装后受到其他工作的损坏。 3. 切割和处理不到家。 4. 对接接缝/不充分伸缩缝	切实保护 加强监督管理 使用伸缩缝
	粘结失败	1. 不适当的膨胀和抑制接缝 2. 性质不同的石材和粘结剂 3. 混凝土或水泥/砂的找平层没养护好，以及铺装好后出现干收缩裂纹。 4. 基面没切实准备好和清洁好。 5. 由于粉尘和污垢给石材板材背面造成的污染。 6. 石材板材不正确的铺装，如没充分敲击到位，或是对板材使用了"晾置时间"已经过期的粘结剂。 7. 将性质不合格的树脂使用到了增强背网上。 8. 使用了性质不合格的粘结剂	使用伸缩缝 使用合适的材料 充分养护 表面正确做好准备 铺装前清洁好石材的背面 根据规定的要求铺装 检查所用树脂的兼容性 检查所用的胶粘剂的兼容性

附录 D-2 干挂法石材工程中常遇到的问题以及可能的原因和解决措施

容易出现的问题	表现	可能的原因	解决措施
接缝	接缝没对齐,宽窄明显不一致	1. 石材板材规格尺寸不一致,不同板材之间的极差过大。 2. 施工工艺技能不强,安装时石材没排列整齐	1. 加强对板材加工质量的监控。 2. 选择熟练的操作技术工人。 3. 加强对操作工人的培训和监督管理
外观	水斑	1. 防护没有做好。 2. 表面接触了过多的水分	1. 选择适合的防护剂,保证质量。 2. 正确防护并保证足够的养护时间。 3. 主体结构应有防潮处理。 4. 普通石材表面应避免长期过多接触水分
	变黄	石材内部铁元素接触酸性气体或水发生氧化现象	不要过多接触酸性气体或溶液。 使用适当的防护剂
	花纹色调不一致	1. 选择了颜色变化太大的材料。 2. 没有进行适当的排版。 3. 由于进水而长期处于潮湿中	选择合适的石材 进行排板或预铺装 使用专用防水层
	砂眼	1. 使用了没有经过适当处理的多孔性石材。 2. 石材本身内在的性质	工厂中进行修补 石材本身如此
	污染	1. 溢出物质或接触了污染性物质等。 2. 酸类清洁剂和强碱清洁剂造成的。 3. 密封胶或结构胶不适合。 4. 风化。 5. 石材内在性质	避免溢出/快速清洁 使用合适的清洁剂 使用合适的填缝剂、结构胶 做好防护 注意选材
	裂纹	1. 板材断裂未更换。 2. 切断和缺乏处理。 3. 保护没做好。 4. 由于天然纹理,如缝合岩面而形成的内在性质。 5. 过分的外部震动	及时更换 需要特殊处理 切实保护 石材固有性质,加固 不要碰撞接缝
平整度	不平坦表面或凸缘	1. 弯曲的石材板材。 2. 石材板材厚度变化过大。 3. 安装不到位	板材厚度一致 使用水平尺保证石材平坦度和水平度 使用有技术的工人安装

附录 E

石材知识 100 问

1. 大理石真的具有放射性吗？

天然大理石放射性接近天然本底水平，在我国 GB/T 6566—2010《建筑材料放射性核素限量》和 GB/T 19766—2005《天然大理石建筑板材》标准中，大理石的放射性属免检项目。从 2001 年起，我国检测的所有大理石品种放射性核素平均为 A 类（不受限制）标准的 1/50，完全达到绿色要求。一些不了解石材情况的人将花岗岩等石材充当天然大理石，导致一些情况下测得含有一定剂量的放射性核素。

2. 窗台上的花死了与大理石窗台板有关吗？

无关，天然大理石放射性水平很低，不会对动植物有危害作用。

3. 鱼缸里的鱼死亡是石材茶几惹的祸吗？

与石材无关，即使是花岗石茶几其放射性水平也极其有限，不会对动物有明显的危害作用。

4. 家人身体不好是不是家里有大理石的缘故？

无关。有很多家庭提出这样的问题，很大程度上是由于误传造成的心理原因。大理石放射性水平极低，即使室内使用量很大也不会对人体有伤害。

5. 人造石就不存在放射性吗？

人造石的主要成分是天然大理石粉或石英砂，依靠少量树脂胶凝结在一起，其放射性水平与天然大理石相当。

6. 石材放射性是不是就指氡气？

不全面，天然石材中含有的主要原生放射性核素是 ^{40}K（钾）、^{232}Th（钍）、^{238}U（铀），铀（238）衰变后变成镭，镭不稳定继续衰变成氡，氡是一种放射性气体，会释放出来继续衰变。建筑材料的放射性是使用低本底多道 γ 能谱仪检测镭（Ra）—226、钍（Th）—232、钾（K）—40 的活度（Bq），折算出内照射指数和外照射指数，内照射指数为镭的比活度除以 200，与氡的浓度有关。

7. 放射性对人体的危害有哪些方面？

放射性对人体的伤害主要通过两个方面进行：一个是外照射，主要是 γ 射线电离辐射；另一个是内照射，主要是通过吸入放射性气体——氡，在体内近距离释放 α 射线、β 射线，分解体内细胞而破坏生理平衡，对人体造成损坏。γ射线能量较低，穿透能力很强，因为人类对地球的辐射长期适应而具有一定的免疫能力，所以外照射对人类的危害不是很明显，许多放射性较高的石材矿区祖祖辈辈生活着的百姓并没有感到不适，而且寿命并不低，原因是已经适应了这种高辐射的环境。氡是一种比空气更重的放射性气体，容易沉积在屋内低处，在不通风或人类长时间停留的环境中，很容易吸到体内从而危害人体。内照射对人类的危害程度最大，预防的唯一办法就是室内多通风，减少氡的吸入量。

8. 放射性能如甲醛一样释放一段时间就降低或没有吗？

与甲醛、苯、挥发性有机物可能随着时间推移而逐渐消散不同，建材中所含的辐射将永久存在，虽然放射性核素具有半衰期，但差异很大，例如氡的半衰期是 3.82 天，镭的半衰期是 1600 年，铀 238 的半衰期则可达 44.7 亿年，因此放射性是一个长期缓慢释放过程。

9. 放射性超过 A 类的石材是否就不能使用在室内环境？

放射性超过 A 类的石材不可用于住宅、老年公寓、托儿所、医院和学校等场所，其他室内外可以使用。同时应明白这里指的是大面积装修，小块石材，如一个茶几、一块窗台板等，由于释放总剂量很小，不应受此局限，因为放射性对人体的损害程度是用年吸收剂量来衡定的。

10. 石材放射性能屏蔽吗？

放射性元素在衰变过程中放出一种特殊的射线，根据其不同的性质而被称为 α、β、γ 射线。α、β 射线为高能粒子，在空气中的移动距离为几毫米到 1 厘米，一张纸即可挡住，因此只要不是近距离接触不会对人体有伤害；γ 射线能量较低，穿透能力很强，一般很难挡住，除非是 10cm 以上的铅层。因此日常考虑在其周围加上一层合适的和足够厚的屏蔽材料，"阻挡"或"减弱"辐射粒子对人体的照射无实际意义。

11. 大理石窗台板使用三个月后出现掉渣是质量问题吗？

坚固性较差的大理石、石灰石类石材，在生产加工时表面会涂刷面胶加固，背面会粘贴玻璃纤维网。这类胶一般是不饱和树脂胶，对紫外线、水和碱性物质敏感，接触了碱性物质、水或者经常用湿布擦洗表面、阳光照射等，会破坏面胶，出现面层脱落。如无这些因素，则可能是面胶产品质量或涂刷工艺质量问题。

12. 大理石地面使用不到半年就失去光泽是大理石的问题吗？

这主要看大理石的品种和材质，质地坚硬的大理石耐磨性好，光泽度高，在人流量不高的条件下镜面光泽会维持很长一段时间；材质较软的大理石光泽度很难到达高光泽，有时会使用抛光剂增加亮度，但维持的时间会短。还有些大理石铺装完成后会整体打磨进行结晶硬化处理，处理不好或非专业人员施工容易出现上述问题，就不属于大理石材料的问题。

13. 卫生间用大理石经常有粉末状物质渗出是什么原因？

一种可能是接触了碱性物质、水等，破坏面胶，出现面层脱落；另一种是清洗、打磨过程中接触了酸性物质而未清洗干净，造成缓慢的腐蚀过程。

14. 室外用的人造石使用 1 年后变黄开裂是什么原因?

人造大理石和人造石英石中主要的胶粘剂为不饱和树脂胶,不饱和树脂胶粘剂的耐紫外线老化能力差,因此人造石目前还不适用于室外。

15. 人造石地面使用半年后发生翘起开裂等现象是什么原因?

人造石中的不饱和树脂胶遇水容易出现变形,变形量与树脂胶含量和品质有直接关系,碱性物质会破坏不饱和树脂胶粘剂,因此在有水的地方避免使用人造石,同时在人造石施工时不宜使用普通水泥砂浆粘结,应使用专用的粘结剂。由于人造石热膨胀系数大,比天然石材大一个数量级,因此施工时要留出足够的伸缩缝,并填充弹性填缝剂。

人造石是一种新型的节能、节材、废物利用产品,应用时间较短,在工艺和技术方面还在不断地摸索和提高,不同企业间的工艺和质量差异很大,使用不同品牌和不同配方的胶粘剂也会有不同的产品性能,不同的产品和使用环境条件也会对应不同的问题。因此在选择人造石时,一定要结合工程实际情况,合理选用,严格把关,方可避免许多问题。

16. 大理石中检出有机胶的成分是否说明是人造石?

不一定。天然石材在加工期间使用水泥或合成树脂密封石材的天然空隙和裂纹,未改变石材材质内部结构,仍属于天然石材范畴。人造石则是采用天然石材碎石或粉末,用少量水泥或树脂胶凝结成的装饰材料。

17. 大理石复合板还属于大理石吗?

是。按照我国 GB/T 13890—2008《天然石材术语》标准对建筑板材的定义和解释说明,建筑装饰用的大理石建筑板材厚度低于 50mm,其中厚度大于 12mm 的称为厚板,厚度在 8~12mm 称为薄板,厚度小于 8mm 的称为超薄板。JCG/T 60001—2007《天然石材装饰工程技术规程》标准中对石材板材厚度加工成低于 8mm 时,规定必须复合背衬以增加强度,方可用于装饰施工,背衬种类有陶瓷、石材等。目前随着石材行业的技术发展,一些名贵品种和资源面临枯竭的大理石,多采用复合工艺加工和安装,莎安娜米黄、西班牙米黄就是这类品种。

18. 石材涂刷防护剂后是否就不会再出现水斑和泛碱等病害?

不一定。石材防护剂绝非建筑防水材料,对石材的各种污染问题仅起到延缓和暂时的保护,不是一劳永逸的安全保障。涂刷防护剂后还应尽量减少接触各种污染的机会,及时清理污染物,并补刷防护剂。石材防护剂的有效期一般不超过 5 年,石材工程正常使用 5 年或在防护剂保质期到期内应至少涂刷相同性质的防护剂一次。

19. 石材涂刷防护剂最好的方法是六面浸泡法吗?

不是。实验证明六面浸泡法的防护效果并不是最理想的,因为有些石材的毛细孔非常小,六面浸泡会阻止空气的排出,防护剂也无法渗入,因此防护剂只能渗到大的孔中,从而影响防护效果。如果使用浸泡法应该是半面浸泡，然后另半面浸泡或涂刷，最简单有效的方法是交叉涂刷法。

20. 石材使用时一定要涂刷防护剂吗？

不一定。石材防护是对石材的正常保护措施，是防止水和有机物以及其他表面污染物进入石材造成各种损害的有效方法。但不同的场合应区别对待，如室外广场、路面或经常有水的地方不宜使用防护剂，因为不仅不能阻止污水的渗入，还会阻碍水的蒸发，表现出长期水斑状态。有些位置防护效果太好又影响胶粘剂和密封胶的粘结性，因此需要根据实际情况合理选用防护剂。

21. 幕墙石材涂刷防护剂后导致密封胶脱落是什么原因？

防护剂选用的类型和防护效果不合适，也与施工方法和工艺有关。

22. 地面石材涂刷防护剂是造成空鼓的原因吗？

有一定影响，防护剂类型选择不当或防水效果太高会降低石材与水泥的粘结力，当水泥地基凝固收缩时出现空鼓现象。

23. 山东白麻花岗石使用后变黄是防护没做好吗？

不是。山东白麻花岗石含有亚铁成分，随着时间推移会在空气中氧化逐渐变黄，防护剂只能延缓这个过程，目前的防护技术还不能彻底解决这个问题。

24. 大理石污染后能用去污粉类材料清洗吗？

不可以。大理石上面的污染忌用酸性物质进行清洗，会腐蚀污染石材。应使用中性或偏碱性的专业清洗液处理。

25. 石材地面和墙面出现水斑是防护剂的问题吗？

不一定。防护不好会导致水从石材表面渗入，但是地基里的水分或幕墙冷凝水排不出导致水斑出现在石材表面就不能完全归咎防护剂了。

26. 石材的就是装饰中使用的大理石吗？

不完全是。石材是装饰领域内的一类商业名称，按目前标准分类包含大理石、花岗石、石灰石、砂岩、板石和其他有关石材，而大理石仅是其中常见的一类石材。

27. 国外石材有哪些标准？

石材目前没有出台国际标准，主要的标准体系有美国 ASTM 石材标准、欧洲 EN 石材专业标准。我国的石材基础、产品和试验方法标准主要是采用美国 ASTM 石材标准，与其基本相同。而欧洲标准体系中的一些更深层次的试验方法是我们所缺乏的，如：盐结晶强度、岩相分析、激冷激热、动力弹性模数、耐盐雾老化强度、耐断裂能量、静态弹性模数、线性热膨胀系数、毛细吸水系数等，同时欧洲还有一套完整的人造石材术语和试验方法标准。

28. 花岗石就是地质上面的花岗岩吗？

不完全是。花岗石是商业上以花岗岩为代表的一类石材，包括岩浆岩和各种硅酸盐类变质岩石材。一般是粒状火成岩，颜色通常从粉红到浅灰或深灰，主要由石英和长石组成，并伴有少量黑色矿物，纹理一般均匀，有些呈片麻岩或斑岩结构。一些黑色小粒状火成岩，虽不是地质学上的花岗岩，但也包含在这个商业定义中。黑色的火成岩被地质学家定义为玄武岩、辉绿岩、辉长岩、闪长岩，斜长岩被开采用作建筑石料、饰面材料、纪念碑和其他特殊目的，作为黑色花岗石出售

29. 大理石是不是就是指地质上的大理岩？

不完全是。大理石是商业上以大理岩为代表的一类石材，包括结晶的碳酸盐类岩石和质地较软的其他变质岩类石材。大理石类所有石材必须能被抛亮，这类石材组成和结构类型变化较大，范围从纯碳酸盐到碳酸盐含量很低的岩石在商业上统称为大理石（如蛇纹石大理石）。大部分大理石拥有联锁结构，晶体颗粒尺寸从隐晶质到 5mm。主要类型有：方解石大理石、白云石大理石、蛇纹石大理石。

30. 怎样区分大理石和石灰石石材？

大理石和石灰石的化学成分类似，都源自碳酸盐类沉积岩，只是在结构上大理石的结晶结构更全面一些，属变质岩，从直观的角度就是大理石可以抛出高的光泽度，并且物理力学性能要高一些。

31. 地质上的角砾岩和凝灰岩属于哪类石材？

这两类石材属于特殊的石材品种，化学成分属于硅酸盐矿物，接近花岗石的成分，但是角砾岩属于沉积岩类，弯曲强度低，凝灰岩属于火山岩，孔隙率高，密度低，应用都不能像花岗石类石材。因此暂时还不好划归哪个石材种类，只能作为特殊的品种应用，可参考砂岩的性能要求。

32. 石材的名称和编号怎么定的？

石材名称编制原则为荒料产地地名加花纹特征名称，编号的第一个字母为花岗石的种类，如花岗石（G）、大理石（M）、石灰石（L）、砂岩（Q）、板石（S），四位数字的前两位为省或直辖市的编号，后两位为本地的顺序号。

33. 新的石材品种可以自己命名吗？

可以。只要不重复，按照命名原则可以自己命名，但需要进行备案。已备案或已收录到《天然石材统一编号》标准中的石材品种不能再命名。按照石材产品标准要求，流通领域的石材名称规范使用《天然石材统一编号》标准名称或备案的名称。

34. 怎样简单区分大理石和花岗石？

花岗石主要以石英和长石组成，粒状结构，颜色有黑、红、白、灰、绿等，而大理石为细腻状石材，带有纹理或线条，颜色为米黄、白、绿、黑白等。

35. 广场石材采用多厚就可以通过车辆？

广场石材一般采用 50mm 以上厚度的石材，如果地基扎实不存在空鼓等问题，每 50mm×50mm 的面积可承载 25t 以上的压力，对于一般的车辆足以。

36. 有的进口石材称莱姆石与石灰石有区别吗？

石灰石的英文名称为 limestone，音译名就是莱姆石头，实际上是一种类型石材，只是叫法不同。

37. 洞石石材使用中一定要补洞吗？

看使用情况。孔洞是洞石石材的主要特征，带有孔洞的石材装饰效果特别明显，在室内的使用环境可以不进行补洞，但是日后孔洞中的脏物不好清理，影响装饰效果。在室外环境，尤其是有结冰的北方气候条件下，必须补洞，否则吸水的冻融效果会破坏石材的强度。

38. 洞石石材使用中是横纹好还是竖纹好？

洞石石材的纹理是其强度的弱项，纹理应顺着长度方向会增加挂装安全系数。需要竖纹时将长度方向纵向安装，需要横纹时则将长度方向横向排列。

39. 安装大理石后一定要做结晶硬化处理吗？

结晶硬化处理最早是国外对旧的大理石地面翻新处理后表面进行的一种工艺处理，可有效提高大理石的耐磨性和光泽度。目前我国大理石地面施工安装后均进行结晶硬化处理，属于一种资源重复浪费。质地酥松、坚固性差的大理石、石灰石类石材施工完成后进行结晶硬化处理无可厚非，不失为一种提高光泽度、增加寿命的好方法。但是若石材本身为质地坚硬、光泽度很高的大理石，如莎安娜米黄、西班牙米黄等，使用该方法就属于多此一举。

40. 进口石材比国产石材档次一定高吗？

不一定。国产石材主要以花岗石为主，进口石材主要以米黄色大理石为主，每类石材各种颜色均有。从价格角度讲大理石和进口石材要高一些，但也取决于品种、尺寸和工艺等，视用途和个人爱好选择。

41. 晶硬处理价格差异很大应如何选择？

晶硬处理施工目前在我国很不规范，很多不专业的队伍混在其中，欺诈现象比较严重，往往质量问题不断，应选择专业的有资质的队伍进行施工。

42. 石材价格悬殊很大应如何选择适合的产品？

主要取决于用途和个人爱好，选择适合的产品，没必要选择名贵和趋于枯竭的石材品种，产品规格尽量选择通用尺寸，工艺尽量简单，可有效提高出材率，降低成本。

43. 石材统一编号标准的有些品种产地为什么比较笼统？

主要有三重意思，一种情况是同一品种的矿点分布在多个县市，则会标明为上级省市；第二种情况是一些老的石材品种使用量不大，无从查证具体的矿点；第三种情况是应矿山企业的保密要求。

44. 应如何鉴别石材品种？

通过外观颜色和花纹、岩矿结构分析、物理化学性能等与标准的品种信息比对，一些新的品种还需要进行市场调研，听取有关专家的意见，综合进行的分析判断。

45. 石材常规应检验哪些性能？

石材常规检测材质的物理力学性能，包括体积密度、吸水率、压缩强度、弯曲强度，地面石材还增加耐磨性检测，室外幕墙用石材需要增加抗冻系数的检验，花岗石类石材还应检测放射性等。

46. 如何选用石材的规格最经济呢？

采用标准推荐规格会节省资源，提高出材率，降低陈本。

47. 相同条件下使用火烧面石材为什么要比光面石材厚呢？

火烧面石材由于在生产工艺过程中受到 600℃ 以上的局部高温处理，岩石内部会膨胀，破坏了原有的内部结构，强度降低，为了提高石材的安全性，增加适当厚度以弥补损失。石材标准规定补偿厚度不小于 3mm。

48. 颗粒大的石材为什么强度会偏低呢？

石材颗粒大时，颗粒间的结合力就会弱，容易发生变形，同时还受试验样品规格、处理温度等因素的影响较明显。

49. 用户对石材有特殊要求时如何操作？

我国石材的有关产品标准多为推荐性内容，用户有特殊要求时可通过明示标准进行约定，如在供销合同中约定，在图纸中要求等，也可制定高于国家标准的企业标准，补充完善有关内容。

50. 装饰石材出现色差是石材质量问题吗？

天然石材有色差是自然因素，应尽量减轻或避免。是否是石材质量问题还要依据供需双方的约定，如封样、样板间、参考工程或文字描述等，未达到约定要求就属于质量问题。

51. 石材的各项性能与石材厚度等有关系吗？

无直接关系。天然石材的物理性能试验有专门的尺寸要求，计算出的是单位面积的强度，与实际使用的厚度没有直接的关系。然而石材是天然的不均质材料，不同的厚度试验样品数据会有差异。

52. 石材的平整度为什么会有变化？

天然石材由于岩石内部结构的应力、加工过程中产生的隐裂、受到外界的变形影响等，会产生平整度方面的变化，尤其是一些颗粒较大的石材最为明显，标准中称为石材的稳定性，因此石材的放置、包装和运输等过程中是有严格规定的。

53. 地面石材铺装完成后一段时间发生翘曲是石材的问题吗？

不是。这类现象很大程度上是水泥粘结层收缩变形引起的，与设计、施工有关系。

54. 同样的一个石材品种为什么颜色纹理会差异很大呢？

天然石材材质本身就是自然形成的，含有丰富的颜色和花纹图案，表面因不同的加工工艺呈现不同的颜色特征，即使同一品种由于不同采矿点或不同的地质层面都有不同的花纹和特性，有的石材不同的切割方向也会产生不同的花纹特征。

55. 石材磨得越光越好吗？

不是。天然石材抛到 70 光泽单位以上时就具有很好的镜面效果，但是使用在地面时同时要考虑石材的防滑问题，过高的光泽度值会导致防滑系数下降，尤其在有水和雪的状态下。

56. 大理石防滑可以使用防滑剂处理吗？

谨慎使用。目前的防滑剂都是酸性材料，依靠在石材表面腐蚀出小的凹坑来提高防滑系数，同时也降低了镜面光泽度。大理石不耐酸，处理后应及时彻底清理残留物，否则会渗到石材内部对石材有破坏。

57. 花岗石为什么要分成一般用途和功能用途呢？

我国产的花岗石物理性能差异比较大，对于一般的装饰用途均能符合要求，但是对于一些承载用途的场合，使用致密、强度高的石材更具有高的安全系数。同时也兼顾了采用国外先进标准和国内实际情况，功能用途的指标采用了美国 ASTM 标准内容。

58. 墙地面石材使用多厚比较适宜？

石材板材必须有充分的厚度才能承受住行走和冲击带来的负重。地面天然石材的最小设计厚度为 20mm，墙面湿贴天然石材的最小设计厚度为 10mm。同一品种的石材因为厚度不同带来施工难度也会出现色调的差别，因此同一装饰面宜采取同样的厚度。

59. 我国石材板材标准为什么要将长度和宽度偏差定为负值？

我国石材装饰工程中采用预留网格安装方式，规格尺寸就是预留位置，只有小于该尺寸才能顺利安装。石材与石材间的缝隙一般为 1mm，因此石材板材的偏差为 −1mm 最好，所有的缝隙均可调整对齐，这是优质装饰工程的要求。只有幕墙中采用宽缝（8mm 以上）安装时才可以适当放宽到正偏差范围。

60. 石材的圆弧板为什么是中间厚两边薄的形状而不是等厚呢?

石材圆弧板的加工采用圆筒锯或绳锯,相同的曲率半径通过移动圆心位置来实现,因此加工出的毛板为月牙形,这是最省料的加工方式。拼接数量越少,中间与边缘的厚度差越大,因此为了边缘有足够的厚度每圈的拼接数量不少于三拼。目前的加工技术实现圆弧板等厚加工是很容易的,但是出材率会大大降低,资源浪费严重,不值得提倡。

61. 石材的大板有质量要求吗?

有。毛光板(俗称大板)曾经是一种石材的半成品,但是随着石材行业的快速发展,石材产业分工越来越细,石材毛光板已经成为一种产品,下游的一些中小企业,主要承担工程项目,根据需要采购毛光板后,加工成各种规格的工程板,用于工程安装。GB/T 18601—2009《天然花岗石建筑板材》等石材产品标准已经将毛光板单独列为一种产品,并给出了相应的技术指标要求。

62. 石材运输或搬运时出现断裂现象后在现场进行粘结修补符合标准要求吗?

符合。我国《天然大理石建筑板材》等标准规定,大理石、石灰石、砂岩等石材允许粘结修补,但粘结和修补后应不影响板材的装饰效果,也不应降低板材的物理性能。这与大理石、石灰石、砂岩的矿物成分和结构有关。花岗石类石材出现裂纹或断裂就不允许粘结修补。

63. 石材的外观质量检验方法是近距离观察吗?

不是。我国石材的外观质量检验是在正常的光线条件下,站在距板边 1.5m 处正常视力观察花纹和色调,各种缺陷尺寸则需要近距离测量。

64. 石材的物理性能检验在没有 50mm 立方体的情况下是否采用板材?

石材新标准规定石材的体积密度、吸水率、压缩强度正常情况下按 50mm 立方体规定试验,在无法满足规定的试样尺寸时,如在市场上检测大板、进口大理石规格板等,应从具有代表性的板材产品上制取 50mm×50mm×板材厚度的试样,其余按 GB/T 9966.3 的规定进行体积密度、吸水率试验,压缩强度则采用叠加粘结的方法达到规定的试样尺寸。粘结面应磨平达到细面要求,采用环氧型胶粘剂,用加压的方式挤出多余的胶粘剂,固化后进行测试,沿叠加方向加载。采用该方法时应注明。

65. 大理石标准中体积密度为何要降低设定为 2.30g/cm³ 呢?

我国最早的大理石体积密度要求不低于 2.60 g/cm³,2005 年修订标准时由于当时市场上大量使用的进口洞石石材(密度大于 2.30 g/cm³)无标准依据,为了包含该石材便将密度范围扩大。2009 年我国专门针对洞石石材出台了 GB/T 23453—2009《天然石灰石建筑板材》标准,将该类石材划归到专门的一类石材中,因此大理石标准在下次修订时会调回到原来的范围。

66. 石灰石光泽度标准为何没有进行规定?

石灰石是一大类沉积岩石材,结晶不完善,不能到达高光泽,并且各种石材由于结构和成分的变化,差异很大,难以统一一个光泽度标准,因此标准未规定,需要根据具体品种由供需双方协商确定。

67. 凝灰岩石材属于砂岩类石材吗?

不属于。凝灰岩是石材商业品种中出现的一种特殊的品种,火成岩、硅酸盐矿物结构像花岗石,孔隙率高、吸水率大像砂岩,但从物理力学性能和应用角度,又不同于这两类石材,标准的指标也不适合这类石材判定。

68. 有些石材结构类似砂岩但二氧化硅含量不到 50% 属于砂岩类石材吗?

不属于。这类石材划归到石灰石类中,按照《天然石灰石建筑板材》标准判定。

69. 干挂石材设置的最低厚度与厚度的正负偏差如何理解?

干挂石材标准设置的最低厚度指标是一个强制性条款,偏差范围不可以突破这个最低界限。例如,镜面板的最低厚度为 25mm,对于 ±1mm 的偏差范围,当设计厚度为 26mm 或以上时就适用,当设计厚度为 25mm 时,偏差范围就只剩 0~+1mm。

70. 住房和城乡建设部的建筑幕墙标准中对石材面板尺寸有正负偏差,如何与干挂石材标准统一应用。

石材标准从施工安装角度考虑采用的是负偏差要求,但是在石材建筑幕墙领域有时会采用宽缝挂装,少许正偏差不影响工程装饰效果,因此制作板材的外形尺寸允许偏差可适当放宽,应在设计图中标出或在购销合同中明示。

71. 板石在国外是非常高档的装修材料,为何国内板石生产和包装运输却差距很大?

国外尤其是欧洲对板石石材有种特殊的偏好,基本上都是从他国进口的,价格也很高,属于高档的装饰材料,包装、运输、销售、安装等方面很规范。而我国是板石的生产国,矿山和加工都在偏远的山区,设施简陋,包装运输都很原始,国内的使用量也不大,还需要一个逐步发展的过程。

72. 实体面材是人造石吗?

严格讲不是。实体面材学名为矿物填充型高分子复合材料。它是以甲基丙烯酸甲酯(MMA,又称亚克力)或不饱和聚酯树脂(UPR)为基体,由氢氧化铝粉为填料,加入颜料及其他辅助剂,经浇铸成型或真空模塑或模压成型的复合材料。该复合材料无孔均质,贯穿整个厚度的组成具有均一性;它们可以制成难以察觉接缝的连续表面,并可通过维护和翻新使产品表面回复如初。这类工业产品以树脂为主,与以天然石材粉末或碎料为主、以不饱和树脂胶粘剂(不到 8%)为辅的人造石产品从性能和用途方面都不同。

73. 文化石能满足节能保温要求吗?

不能。建筑装饰用仿自然面艺术石（俗名文化石）主要以白水泥为粘结剂，填充陶粒或浮石和各种颜料，模拟自然界中的各种残岩断壁、古墙等风格，集中体现在装饰面上的一种带有文化气息和反扑归真理念的装饰材料，成为现代人的追求风格。其与水泥粘结材料形成了类似混凝土墙的结构，若有保温要求的建筑物，则需要单独设计保温层。

74. 微晶石能替代天然石材吗?

不能。微晶石以颜色一致性和可选择性的特点被应用于石材装饰行业，得到了一定的发展。但是由于微晶石耗能高，硬度过大致使加工成本高，耐磨性差不适合地面等特点，使得产品发展受到制约。目前该行业的发展空间比较小，逐步与陶瓷结合形成陶瓷基微晶石复合板，结合了微晶石和陶瓷的优点，通过烧结成为一体，适用于墙地面的湿贴。

75. 家装时使用天然石材好还是复合石材好?

石材复合板面材出材率是普通建筑板材（20mm 厚）的 2～3 倍，可以大大节约石材资源。计算基材、胶粘剂和加工成本后，对于普通石材经济性不明显，甚至成本会增加；但对于高档进口石材，尤其是资源趋于枯竭的名贵石材，经济性是非常明显的，如莎安娜米黄、西班牙米黄大理石等。复合石材对于颜色花纹变化比较大的石材也可有效地提高应用质量，颜色花纹基本一致的一颗或几颗荒料即可完成一个装饰面，大大降低色差等工程质量问题。对于高层或特殊环境要求质量轻的石材装修场合，软质基材的石材复合板是绝佳的选择，已经有成功的工程案例。石材复合板是一种符合节能、节材和资源综合利用政策的具有发展前景的新产品，适用于质轻、节材、透光或其他特殊场合等用途，现有工艺技术已经很成熟。

76. 外墙使用保温复合板安全吗?

保温复合板是石材复合板行业中新出现的一种产品，结合了石材复合板轻质的优点和保温板的保温性能，但是目前还处在研究摸索阶段，还没有很好地解决安全和保温方面的问题，也没有出台相应的标准和规范，慎重选择。

77. 复合板面层厚度选择多少合适，可使用火烧面吗?

根据工程要求和墙地面使用状况，确定石材面层厚度。一般用于墙面的面层厚度不超过 5mm 为宜，用于地面的面层厚度不应低于 3mm。慎用火烧面复合板，因为高温处理会破坏胶粘剂粘结层，影响安全。

78. 石材马赛克和石材墙地砖在尺寸方面是如何划分的?

石板尺寸不大于 100mm×50mm 时，需要与背衬粘结成联，属于石材马赛克范畴；石板尺寸大于 100mm×50mm 且小于 300mm×300mm 时，属于石材墙地砖的范畴；大于等于 300mm×300mm 时，属于建筑板材标准范畴。

79. 广场石、路面石、路缘石的尺寸可以按用户要求随意定吗？

从使用角度用户是可以随意规定的，但是从用料角度建议采用标准推荐尺寸，有利于提高荒料利用率，提高出材率，节约资源，降低陈本。

80. 广场路面石材经常出现水斑是什么原因？

广场路面石涂刷了防护剂后不能完全阻隔雨水的渗入，反而在晴天时阻碍了渗入石材的雨水蒸发，形成水斑。这类情况建议不做石材防护或表面不刷。

81. 石材施工为什么要用专用的粘结材料？

普通水泥砂浆不仅粘结强度低，还会给石材造成水斑、泛碱等问题。石材专用粘结剂就是解决了提高粘结强度，降低形成水斑和泛碱风险，对于怕水怕碱的石材产品具有很好的安装效果。

82. 石材填缝材料选用水泥基填缝剂还是反应型树脂填缝剂好？

石材湿贴时填缝剂选用水泥基填缝剂或反应型树脂填缝剂，石材地面推荐采用反应型树脂填缝剂，有地暖的地面除外。石材地面采用反应型树脂填缝剂，可以有效地防止污染和黑缝的出现，便于清洁。

83. 石材碎裂修补、干挂等方面能使用云石胶吗？

不能。云石胶属于不饱和树脂胶类，对水、碱、紫外线和冻融等外界条件敏感，长期状态下会失效，不可使用在具有结构承载的场合。石材碎裂修补、粘结和干挂一定要使用环氧树脂类专用胶粘剂。

84. 石材背网在施工时是铲掉还是保留好？

按照石材产品的生产工艺情况，背网是指坚固性较差的大理石、石灰石等石材在加工的全过程中为了保证其有足够的强度适应生产、加工、运输、安装和使用而进行的背面粘结玻璃纤维网的加固工序。在石材施工阶段，考虑到带有胶粘剂的石材背网与水泥胶粘剂的粘结性问题，一般会将背网和胶铲掉，补刷石材防护剂后进行铺装施工。对于一些特殊的石材品种，因铲掉背网后造成石材板材碎裂现象，因此施工时需保留石材背网，但应使用特殊的胶粘剂和粘结工艺，否则会出现空鼓、脱落等现象。干挂石材的背网不会对石材施工造成影响，同时会增强板材的正面抗风压能力，减小因天然石材的各种缺陷造成的脱落风险，是提高石材幕墙安全性能的一道有效的安全措施。

85. 石材干挂件必须使用不锈钢挂件吗？

不一定。与石材接触的金属挂件材料应使用不锈钢或铝合金，使用铝合金需要在加工完成后表面进行防腐处理。对特殊应用的场合，例如设计暴露于沿海城市或类似环境条件应使用专用牌号的不锈钢。金属转接件和金属骨架（支撑龙骨）材料应使用不锈钢、镀锌钢以及涂锌和环氧涂层的钢和铝。

86. 石材干挂件的尺寸未达到标准规定而强度达到要求是否可以使用？

不可以。干挂件的长宽尺寸规定是为了保证与石材具有一定的接触面积，因石材的剪切强度有限，存在各种难以预料的内部缺陷和不确定因素，需要保证一定的接触面积，防止应力过于集中，提高安全系数。挂件的厚度是保证在受到外界的腐蚀破坏后仍然具有相当的强度，提高幕墙的使用寿命。石材干挂件的尺寸在标准中属强制性条款，是一定要保证的。

87. 石材密封材料能否使用普通硅酮结构密封胶或耐候建筑密封胶？

不可以。容易污染石材，应使用石材专用的密封胶。

88. 石材联合组件中，小的石块是否可以直接采用环氧树脂结构胶粘结固定？

不可以。干挂石材中组合件各部位均应设置单独的挂件连接点。过于小的部件无法安装干挂件时应采用金属件和环氧树脂类胶粘剂与相邻主件连接，不能单独采用结构胶粘结连接，更不能使用不饱和树脂类的云石胶。

89. 石材大面积使用为什么要进行排板？

由于天然石材存在颜色和花纹方面的差异，因此在同一工程中连续装饰面使用的同一品种石材，在出厂前应进行排板。天然石材中的花纹，如果任其自然地排列，会呈现杂乱无章的效果，导致明显的色差，是石材装饰中失败的艺术。如果有意地对天然花纹进行有序排列，会呈现一种天然的艺术效果，此过程称为石材追纹，一般采用石材花纹首尾连接。排板是为了达到追纹效果或使装饰面花纹色调整体协调而进行的地面预铺装。排板后的石材，按照位置进行编号，便可包装运输。工程安装时则严格按照排板顺序进行安装，方可达到预期的艺术效果。

90. 板石安装时为什么不能使用干挂法？

板石在墙面和地面施工时应采用粘结法。板石具有很强的层理面，剥离性很强，干挂法安装容易出现层面脱落现象，湿贴法相对安全，但较高位置施工时，应考虑留出足够的隔离区。

91. 石材使用粘结法安装在墙面时是否要增加安全措施？

墙面石材采用粘结法施工时，应根据实际需要和粘结剂的性能考虑安全性问题，必要时采用金属丝捆绑或斜插成对相互反向的钢销加固，尤其是较高位置。这也是国外先进国家普遍采用的一种方式，一种安全措施。

92. 石材墙面为何尽可能选用干挂法安装？

石材干挂法是从 20 世纪 90 年代从国外传入的，经过近二十年的发展，干挂技术已经发展的相当成熟，干挂件和干挂方式也不断创新。墙面石材采用干挂法安装可以有效地避免水泥粘结法导致的水斑、泛碱现象，具有很高的安全系数，施工也很便捷。当石材板材单件质量大于 40kg 或单块板材面积超过 $1m^2$ 或室内建筑高度在 3.5m 以上时，墙面和柱面应设计成干挂安装法。

93. 人流量密集的公共场所地面为什么不选用大理石等石材？

在人流量大的场所，磨损量也很大的，如车站、机场、大型百货商场、超市等，宜选用硅质类石材，如花岗石。大理石属碳酸盐类矿物，硬度低，耐磨性差，使用在人流密集的地方会很难保持镜面光泽，同时需要很频繁的打磨护理等，会增加维护成本。

94. 石材地面为什么每隔一段就需要预留伸缩缝？

大面积铺设石材时，一定要每隔一定区域内设置伸缩缝，避免因温度变化引起的膨胀导致地面变形、石材翘曲现象。

95. 软质基材的复合板为什么尺寸不宜过大？

软质基材的石材复合板因两种材料的膨胀系数差异比较大，温度变化会引起平整度的变化，尺寸过大时，引起的平整度变化就更为明显，因此此类石材用在温度变化大的环境下尺寸不易过大。

96. 地面石材安装为什么不能使用对接接缝？

标准规定花岗石和大理石镜面板材铺装时，可以设计 1.5mm 的窄接缝；对于质感粗或劈裂加工的石材，采用的最小接缝宽度为 6mm。不允许采用对接接缝，避免引起石材病变并导致石材的剥落。现场配料填缝剂中的砂子应符合使用要求。对于窄缝和大理石类石材，可以使用无砂填缝剂。

97. 外幕墙石材为什么宜采用花岗石类石材？

幕墙（外墙）石材宜采用花岗石类石材，这类石材二氧化硅（SiO_2）含量高，有较高强度和耐酸性、耐久性适用于外墙；含氧化钙较高的石材，如石灰石、大理石，当空气潮湿并有二氧化硫时，容易受到腐蚀，适宜用做内墙，用做外墙时表面应做可靠的防护处理。外墙如使用非花岗石类石材，可采用坚固性好的大理石、中密度以上的石灰石、强度高的砂岩，采用疏松和带孔洞石材时，应有可靠的技术依据。

98. 石材幕墙为什么要设计通风孔和滴水槽？

在石材幕墙背面与支撑结构间形成的空腔应该通风以便利用气流带走水蒸气。通风孔的尺寸和数量应该由设计工程师决定。石材幕墙后面形成的大多数水蒸气来源于建筑物内部高湿度的气体，应做好相应的密封。水蒸气屏障做不好的话，将在石材的内侧形成凝结水珠，水进入锯痕和孔中，在冻融循环条件下可能会破坏石材在锚固区域的完整性。此外，凝结水通过密封剂表面下的液化能导致密封剂失效，并且腐蚀钢铁。即使结构上没出现问题，凝结水也能渗到石材表面造成石材变色。

99. 石材防护后未达到养护期就用于施工会出现问题吗？

石材防护剂施工是有要求的，除了需要干燥、干净的石材表面外，石材防护后的养护是必不可少的。养护需要在阴凉、干燥、通风的地方养护 48h（有的防护剂还需要更长的养护期），养护期间不得接触污染性物质，如水、油污等。若未到养护期就进行施工，粘结剂中的水分和污染物会直接渗入石材，造成防护失效。

100. 石材安装后是否还需要进行维护和保养？

天然石材装饰工程安装使用后应定期进行检查、维护、保洁和保养，保持天然石材的装饰效果。日常维护和保养应对破损的板材及时更换，对脱落或损坏的密封胶或密封胶条及时进行修补与更换，对石材幕墙的干挂件、连接部件松动或脱落的及时修补或更换。尽可能避免天然石材遭受各种污染和处于恶劣的环境。石材遭受污染或出现各种病害时，应及时进行清洗。

附录 F

中 国 石 材 协 会
国家石材质量监督检验中心
全国石材标准化技术委员会

中石联发【2013】02 号

关于大理石产品对人体无放射性危害的通告

多年来由于一些不正当竞争和舆论的误导，社会上普遍流传着大理石有放射性，对人体有危害的说法，严重影响了大理石在建筑和家庭装饰中的应用，同时也误导了广大消费者。为了给广大消费者一个科学的解释，还大理石一个清白，根据我国有关石材标准内容，通告如下：

1、大理石属于沉积岩，主要由碳酸盐矿物组成，从大理石形成的地质过程分析，天然大理石的形成均与放射性物质没有直接关联，因而对人体不具有放射性危害。根据 GB 6566《建筑材料放射性核素限量》国家标准实施以来对石材的实际测定数据，天然大理石中放射性核素镭-226、钍-232、钾-40 的放射性比活度远低于标准中 A 类（使用不受限制）指标，完全可以忽略不计；

2、在我国的石材产品标准 JC/T 202-2011《天然大理石荒料》行业标准和 GB/T 19766-2005《天然大理石建筑板材》国家标准的技术要求中，没有检测放射性核素比活度的要求；

3、社会上长期以来对石材分类缺乏了解，同时受到对大理石放射性存在误解的影响，大理石曾被列入海关的必检项目，给大理石的正常贸易带来负面影响。2008 年 12 月 24 日，国家质量监督检验检疫总局发布了《关于调整出入境检验检疫机构实施检验检疫的进出境商品名录(2009

年)》的公告，决定从 2009 年 1 月 1 日起，将大理石及其制品(包括石灰石、砂岩等天然石材产品)调出《法检目录》，不再实施出入境检验检疫监管，即大理石不再进行放射性强制检验；

4、石材工程应用涉及的两个标准中，《建筑装饰装修工程质量验收规范》（GB50210-2001）标准中没有要求检测大理石放射性的内容。原《民用建筑工程室内环境污染控制规范》（GB50325-2001）标准中曾将大理石和花岗石统一归为石材，并要求检测大理石的放射性，造成在各种工程中对大理石验收标准执行上的混乱。客观上助推了公众对大理石存在有害放射性的错误认识。在中国石材协会和放射性专家的积极努力下，住建部采纳了专家的意见，2012 年组织对该标准中材料放射性的有关内容（第 5.2.1 条）进行了修订，并于 2013 年 6 月 24 日发布了国家标准《民用建筑工程室内环境污染控制规范》局部修订的公告。新修订的标准中明确了大理石不需出具放射性检测报告。至此，住建部的上述两个标准中，均没有对大理石要求进行放射性检验的内容。

因此，由天然大理石制成的各种石材产品，不会对人体造成放射性危害，可以放心地选用大理石产品用在建筑工程和居室内的各类装饰。各级石材协会、商会、检测机构及广大从业者应严格执行国家标准，做好宣传和解释工作，共同推动行业的健康、有序和可持续发展。

特此通告。

国家石材质量监督
检验中心
二〇一三年十月十五日

全国石材标准化
技术委员会
秘书处

主题词：大理石　放射性　通告

发　送：各有关单位

印　发：　　　　　　　　　　　　　　2013 年 10 月 15 日

参考文献

[1]   张秉坚. 石材护理技术[M]. 北京：化学工业出版社，2013.

[2]   GB/T 13890—2008 天然石材术语.

[3]   GB/T 17670—2008 天然石材统一编号.

[4]   GB/T 18600—2009 天然板石.

[5]   GB/T 18601—2009 天然花岗石建筑板材.

[6]   GB/T 19766—2005 天然大理石建筑板材.

[7]   GB/T 23452—2009 天然砂岩建筑板材.

[8]   GB/T 23453—2009 天然石灰石建筑板材.

[9]   GB/T 23454—2009 卫生间用天然石材台面板.

[10] GB/T 29059—2012 超薄石材复合板.

[11] GB 50897—2013 装饰石材加工厂设计规范.

[12] JC 830.1—2005(2012) 干挂饰面石材及其金属挂件 第1部分：干挂饰面石材.

[13] JC/T 847.2—1999 异型装饰石材 第2部分：花线.

[14] JC/T 847.3—1999 异型装饰石材 第3部分：实心柱体.

[15] JC/T 872—2000 建筑装饰用微晶玻璃.

[16] JC/T 908—2013 人造石.

[17] JC/T 2087—2011 建筑装饰用仿自然面艺术石.

[18] JC/T 2114—2012 广场路面用天然石材.

[19] JC/T 2121—2012 石材马赛克.

[20] JC/T 2185—2013 艺术浇注石.

[21] JC/T 2192—2013 石雕石刻品.

[22] JCG/T 60001—2007 天然石材装饰工程技术规程.

[23] DB11/T 512—2007 建筑装饰工程石材应用技术规程.

中国建材工业出版社
China Building Materials Press

我们提供

图书出版、图书广告宣传、企业/个人定向出版、设计业务、企业内刊等外包、代选代购图书、团体用书、会议、培训，其他深度合作等优质高效服务。

编辑部	宣传推广	出版咨询	图书销售	设计业务
010-88364778	010-68361706	010-68343948	010-88386906	010-68361706

邮箱：jccbs-zbs@163.com   网址：www.jccbs.com.cn

发展出版传媒　服务经济建设

传播科技进步　满足社会需求

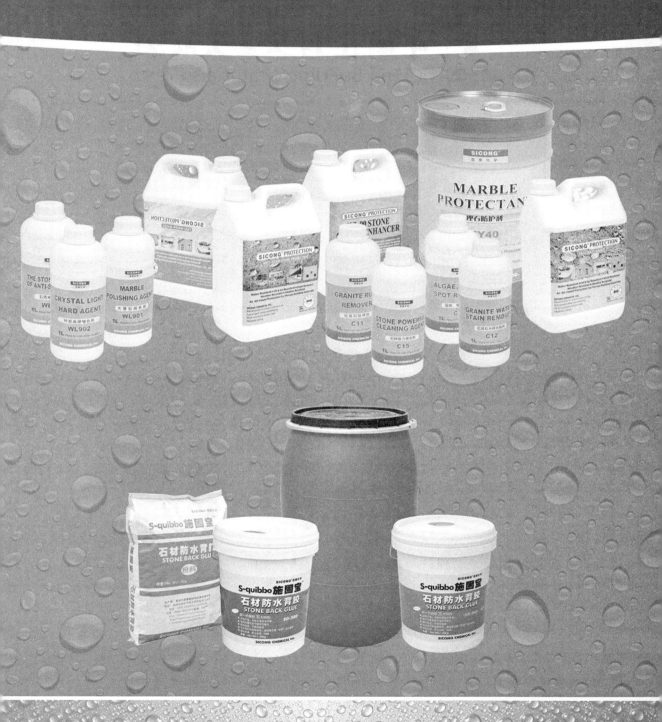

SICONG®

思康石材防护剂

S-quibbo 施固宝

施固宝防水背胶

泉州市思康新材料发展有限公司 全国客服 服务热线 4008899207 13313851119

 岑溪市康利石材有限公司

花岗岩之乡最红板材——康利红（枫叶红）

岑溪市康利石材有限公司是中国石材龙头企业深圳康利集团旗下的全资子公司，成立于2005年10月，是岑溪市市委、市政府招商引进的一家集花岗岩石材开采、加工、市场管理为一体的大型石材专营企业。

公司注册资金850万元，拥有中、高级技术人员20人，员工60人。公司计划投资2.5亿元，目前已投入6000多万元，拥有占地400多亩的大型石材矿山一座，有先进的矿山开采设备和优秀的开采队伍，并成为众多矿山模仿和学习的榜样。科学的管理为矿山安全高效生产保驾护航，自开业起没有发生过一起重大安全生产事故。

公司还花巨资在岑溪市十里长街北侧打造了一个占地近百亩的专业石材交易大市场。建有标准厂房15栋，厂房面积22000多㎡。其中，生产设备包括龙门吊、车间吊、叉车、手磨机、切边机、全自动磨板线；建筑设施的硬化道路面积共14584㎡，两栋商住楼共占地2637㎡；一座储水水池，两个循环池，同时修建有地下雨水排污管道、围墙和护坡等完善设备设施。

市场依托康利集团石材行业龙头企业的强大行业背景和岑溪市石材矿山的充足资源。招商引进47家石材加工企业进入市场并经营，公司用新的理念以及超前、完善的服务，培育扶持入园石材企业共同发展，给入园企业提供生产原料、介绍订单给客户，提供技术指导以提高入园企业石材产品的加工质量，替客户把质量关等服务，帮助进入市场的企业做强做大，为岑溪的石材企业发展做出了自己应有的贡献，全面提升了岑溪红石材的品牌。创造良好的经济效益和社会效益，通过与大型石材及物流企业进行战略合作，形成全国性的产业及物流配送网。

广东省名牌产品

公 司 地 址：岑溪市十里长街康利石材工业园（324国道旁边）
公司联系电话：0774-8217388 0774-8217222（传真）
公司负责人：杨超举（总经理） 电话：13457477788
邮箱：cx@kanglistone.com

中国石材界

国际标准刊号：ISSN 1005-3352
国内统一刊号：CN 11-3373/TU
邮发代号：82-704

卓越媒体

云南砉红石材开发有限公司

YUNNAN HUAHONG SHICAI KAIFA YOUXIAN GONGSI

砉红
HUA HONG

云南砉红石材开发有限公司始建于1992年，是滇南地区大规模的石材精加工企业。集矿山开采、生产加工、设计、销售、安装、保养、清洁为一体。注册资本2010万元，年生产加工天然大理石30万㎡，出口板材及各种异型石材15万㎡左右。

2002年通过ISO2001-9000质量管理体系认证；2008年公司被选为中国石材GB国标参与审定单位，丁勇云董事长被聘为第一届全国石材标准化技术委员会的专家委员；同年经CISE中国石材业风云榜组委会确认为中国50强石材加工企业。

2010年公司新征土地80余亩，计划总投资2.5亿元建成年生产500万㎡再生石材生产基地，现已完成一期投资7500万元，可实现年生产能力120万㎡。

公司目前拥有国内外先进的各种石材加工设备和30多名多年培养出来的专业管理精英，400多名专业的员工，可满足任何不同层次、大小、高难度工程，为客户提供高标准、高质量的产品服务。为了满足客户的需求，2007年我公司成立了专门从事石材安装、保养、清洁为一体的装饰分公司，为客户提供各种装修方案和效果图设计，真正实现了产、供、销、安装、保养一条龙服务的营销理念。

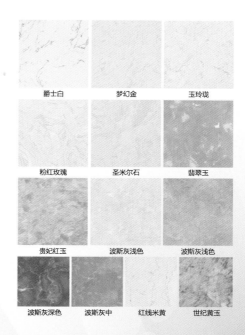

爵士白	梦幻金	玉玲珑
粉红玫瑰	圣米尔石	翡翠玉
贵妃红玉	波斯灰浅色	波斯灰浅色
波斯灰深色	波斯灰中	红线米黄 / 世纪黄玉

公司的目标：创云南石材卓越品牌。

公司的服务宗旨：您想不到的砉红会为您想到，您想到的砉红会为您做到！

红河州人民检查院　　红河州州政府　　弥勒烟草公司职工生活区　　云南省邱北太阳魂酒庄　　云南省省委办公楼

地址：云南省红河州弥勒市弥阳镇弥西哨村口　Add：Mile.Yunnan.China

传真：0873-6166688　联系电话：0873-6166666

网址：www.ynstone.com.cn　电子邮箱：hhtrsc@ynstone.com.cn

生态 石(人造)
APE STONE

源自天然 胜似天然

综合成本比天然石材节省50%以上

※轻质高强，理化性能接近天然石材

※三层以下可以湿贴加固无需干挂
（产品预埋铜丝可以先固定在墙上再湿贴）

※1000万元保障，打消最后一丝顾虑
古猿人生态石产品由中国人民财产保险公司承保1000万产品责任险

（木纹石）

（意大利洞石）

使用古猿人生态石产品的部分开发商

万科、保利、龙湖、金科、世茂、华润、绿地、融创、融侨、金地……

下一个是您吗？

（古猿人生态石产品可用于各类建筑）

- ◎ 2004年，古猿人与万科合作，引领国内使用人造**文化石**的装饰潮流。
- ◎ 2005年，古猿人与龙湖、万科合作，引领国内使用人造**文化砖**的装饰潮流。
- ◎ 2012年，古猿人与世茂、融创等公司合作，再次引领国内使用**生态石**的装饰新潮流。
- ◎ 建筑装饰用仿自然面艺术石行业标准**制定者**。
- ◎ 亚太区文化石行业销量近十年**名列前茅**。一直被模仿，从未被超越！

（以上信息及图片均由上海古猿人石材有限公司提供）

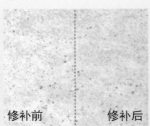